内蒙古自治区优质校建设成果精品教材
马铃薯生产加工丛书

马铃薯贮藏保鲜技术

主　编　张莉娜　陈建保
副主编　郝伯为　张一帆　张祚恬
编　者　王秀芳　刘海英　李素英　李富花
　　　　侯文慧　胡丽君　高文霞
丛书主编　张祚恬
丛书主审　陈建保　郝伯为

武汉理工大学出版社
·武　汉·

内容提要

本书是“马铃薯生产加工丛书”之一，主要内容包括认识马铃薯贮藏保鲜、马铃薯贮藏保鲜概述、马铃薯的采后生理、马铃薯产品的商品化处理和运输、马铃薯的贮藏方式、马铃薯贮藏库的建设、马铃薯贮藏中的主要病害及其预防、马铃薯的贮藏技术、马铃薯贮藏保鲜技术实习实训等九个项目。

本书可作为农学专业的教学用书，也可作为相关从业人员的参考用书。

图书在版编目(CIP)数据

马铃薯贮藏保鲜技术/张莉娜，陈建保主编. —武汉：武汉理工大学出版社，2019. 8
ISBN 978-7-5629-6057-7

Ⅰ. ①马… Ⅱ. ①张… ②陈… Ⅲ. ①马铃薯-贮藏 ②马铃薯-食品保鲜 Ⅳ. ①S532. 093

中国版本图书馆 CIP 数据核字(2019)第 161329 号

项目负责人：崔庆喜(027-87523138)
责任编辑：雷　蕾
责任校对：向玉露
封面设计：芳华时代
出版发行：武汉理工大学出版社
社　　址：武汉市洪山区珞狮路 122 号
邮　　编：430070
网　　址：http://www.wutp.com.cn
经　　销：各地新华书店
印　　刷：广东虎彩云印刷有限公司
开　　本：787×1092　1/16
印　　张：8.75
字　　数：218 千字
版　　次：2019 年 8 月第 1 版
印　　次：2019 年 8 月第 1 次印刷
印　　数：1000 册
定　　价：27.00 元

凡使用本教材的教师，可通过 E-mail 索取教学参考资料。
E-mail：wutpcqx@163.com　1239864338@qq.com
凡购本书，如有缺页、倒页、脱页等印装质量问题，请向出版社发行部调换。
本社购书热线电话：027-87384729　87664138　87165708(传真)

总　　序

马铃薯是粮、菜、饲、加工兼用型作物，因其适应性广、丰产性好、营养丰富、经济效益高、产业链长，已成为世界和我国粮食生产的主要品种和粮食安全的重要保障。马铃薯在我国各个生态区都有广泛种植，我国政府对马铃薯产业的发展高度重视。目前，我国每年种植马铃薯达550多万公顷，总产量达9000多万吨，我国马铃薯的种植面积和产量均占世界马铃薯种植面积和产量的1/4。中国已成为名副其实的马铃薯生产和消费大国，马铃薯行业未来的发展，世界看好中国。

马铃薯是乌兰察布市的主要农作物之一，种植历史悠久，其生长发育规律与当地的自然气候特点相吻合，具有明显的资源优势。马铃薯产业是当地的传统优势产业，蕴藏着巨大的发展潜力。从20世纪60年代开始，乌兰察布市在国内率先开展了马铃薯茎尖脱毒等技术研究，推动了全国马铃薯生产的研究和发展，引起世界同行的关注。全国第一个脱毒种薯组培室就建在乌兰察布农科所。1976年，国家科学技术委员会、科学院、农业部等部门的数十名专家在全国考察，确定乌兰察布市为全国最优的马铃薯种薯生产区域，并在察哈尔右翼后旗建立起我国第一个无病毒原种场。近年来，乌兰察布市市委、市政府顺应自然和经济规律，高屋建瓴，认真贯彻关于西部地区"要把小土豆办成大产业"的指示精神，发挥地区比较优势，积极调整产业结构，把马铃薯产业作为全市农业发展的主导产业来培育。通过扩规模、强基地、提质量、创品牌，乌兰察布市成为全国重点马铃薯种薯、商品薯和加工专用薯基地，马铃薯产业进入新的快速发展阶段。与此同时，马铃薯产业科技优势突出，一批科研成果居国内先进水平，设施种植、膜下滴灌、旱地覆膜等技术得到大面积推广使用。乌兰察布市的马铃薯种植面积稳定在26万公顷，占自治区马铃薯种植面积的1/2，在全国地级市中排名第一。马铃薯产业成为彰显地区特点、促进农民增收致富的支柱产业和品牌产业。2009年3月，中国食品工业协会正式命名乌兰察布市为"中国马铃薯之都"。2011年12月，乌兰察布市在国家工商总局注册了"乌兰察布马铃薯"地理标志证明商标，"中国薯都"地位得到进一步巩固。

强大的产业优势呼唤着高水平、高质量的技术人才和产业工人，而人才支撑是做大做强优势产业的有力保障。乌兰察布职业学院敏锐地意识到这是适应地方经济、服务特色产业的又一个契机。学院根据我国经济发展及产业结构调整带来的人才需求，经过认真、全面、仔细的市场调研和项目咨询，紧贴市场价值取向，凭借既有的专业优势，审时度势，务实求真；学院本着"有利于超前服务社会，有利于学生择业竞争，有利于学院可持续发展"的原则，站在现代职业教育的前沿，立足乌兰察布市，辐射周边，面向市场；学院敢为人先，申请开设了"马铃薯生产加工"专业，并于2007年10月获得国家教育部批准备案，2008年秋季开始正式招生，在我国高等院校首开先河，保证专业建设与地方经济有效而及时地对接。

该专业是国内高等院校首创，没有固定的模式可循，没有现成的经验可学，没有成型的教材可用。为了充分体现以综合素质为基础、以职业能力为本位的教学指导思想，学院专门建立了以马铃薯业内专家为主体的专业建设指导委员会，多次举行研讨会，集思广益，互相磋商，按照课程设置模块化、教学内容职业化、教学组织灵活化、教学过程开放化、教学方式即时化、教学手段现代化、教学评价社会化的原则，参照职业资格标准和岗位技能要求，制订“马铃薯生产加工”专业的人才培养方案，积极开发相关课程，改革课程体系，实现整体优化。

由马铃薯行业相关专家、技术骨干、专业课教师开发编撰的“马铃薯生产加工丛书”，是我们在开展“马铃薯生产加工”专业建设和教学过程中结出的丰硕成果。丛书重点阐述了马铃薯从种植到加工、从产品到产业的基本原理和技术，系统介绍了马铃薯的起源、栽培、遗传育种、种薯繁育、组织培养、质量检测、贮藏保鲜、生产机械、病虫害防治、产品加工等内容，力求充实马铃薯生产加工的新知识、新技术、新工艺、新方法，以适应经济和社会发展的新需要。丛书的特色体现在：

一、丛书以马铃薯生产加工技术所覆盖的岗位群所必需的专业知识、职业能力为主线，知识点与技能点相辅相成、密切呼应形成一体，努力体现当前马铃薯生产加工领域的新理论、新技术、新管理模式，并与相应的工作岗位的国家职业资格标准和马铃薯生产加工技术规程接轨。

二、丛书编写格式适合教学实际，内容详简结合，图文并茂，具有较强的针对性，强调学生的创新精神、创新能力和解决实际问题能力的培养，较好地体现了高等职业教育的特点与要求。

三、丛书创造性地实行理论实训一体化，在理论够用的基础上，突出实用性，依托技能训练项目多、操作性强等特点，尽量选择源于生产一线的成功经验和鲜活案例，通过选择技能点传递信息，使学生在学习过程中受到启发。每个章节（项目）附有不同类型的思考与练习，便于学生巩固所学的知识，举一反三，活学活用。

该丛书的出版得到了马铃薯界有关专家、技术人员的指导和支持；编写过程中参考借鉴了国内外许多专家和学者编著的教材、著作以及相关的研究资料，在此一并表示衷心的感谢；同时向参加丛书编写而付出辛勤劳动的各位专家与教师致以诚挚的谢意！

张　策
2019 年 5 月 16 日

前　言

本书是根据教育部《关于加强高职高专教育教材建设的若干意见》的文件精神，结合马铃薯生产加工专业人才培养目标与规格，按照我国马铃薯贮藏保鲜行业职业岗位的任职要求而编写的。在选材和编写中力求以培养实际应用能力为主旨，以强化技术能力为主线，以高职教学目标为基点，以理论知识必需、够用、管用、实用为纲领，做到基本概念解释清楚，基本理论简明扼要，贴近一线生产实践，注重培养学生的应用能力和创新精神。

本书包括马铃薯贮藏生理、贮藏保鲜方式、贮藏保鲜技术三大方面，循序渐进，重点引入一些新概念、新知识、新理论，避免知识陈旧，重视理论联系实际。为增强学生的实践动手能力，安排了呼吸强度测定、马铃薯块茎低温伤害观察、乙烯吸收剂的制作及效果观察、马铃薯的商品化处理、贮藏环境中氧气和二氧化碳含量的测定、马铃薯的贮藏保鲜试验及品质鉴定、常见马铃薯贮藏病害的识别、参观马铃薯贮藏保鲜库、马铃薯贮藏质量检查、马铃薯贮藏市场调查等十个单元的实践训练，使学生得到比较系统的技能训练。在传授知识的同时注重培养学生的职业道德和职业素质，为面向职业岗位奠定良好的素质基础，注重培养学生养成良好的学习习惯，掌握科学的学习方法，具备分析问题、解决问题的能力，树立终生学习的思想意识。

本书的具体编写分工为：乌兰察布职业学院陈建保编写项目一、项目九的实训六和实训七；乌兰察布职业学院张莉娜编写项目二、项目九的实训一至实训五；乌兰察布职业学院郝伯为编写项目三、项目九的实训八；乌兰察布市察右前旗黄旗海镇张一帆编写项目四、项目九的实训九；乌兰察布职业学院张祚恬编写项目五、项目九的实训十；乌兰察布职业学院刘海英编写项目六；乌兰察布市食品与药品监督管理局胡丽君编写项目七的任务一；乌兰察布职业学院侯文慧编写项目七的任务二；乌兰察布市农牧业科学研究院王秀芳编写项目八的任务一、任务二、任务三；乌兰察布职业学院李素英编写项目八的任务四；乌兰察布职业学院李富花编写项目八的任务五；乌兰察布职业学院高文霞编写项目八的任务六。

本书不仅可作为高职高专马铃薯生产加工专业的教学用书，也可作为马铃薯行业培训及马铃薯行业从业人员的参考用书。

由于编者水平有限，加之时间仓促，收集和组织的材料有限，书中难免存在错误和不足之处，对此，敬请同行专家和广大读者批评指正。

编　者

2019 年 5 月

目　　录

项目一　认识马铃薯贮藏保鲜

知识目标

1. 了解国内外马铃薯贮藏保鲜业的发展现状。
2. 了解我国马铃薯贮藏保鲜业存在的问题。
3. 了解我国马铃薯贮藏保鲜业的发展对策。

马铃薯是重要的粮菜兼用作物和工业原料作物。马铃薯由于生长周期短、耐旱、耐瘠薄，高产稳产，适应性广，加上营养成分全和产业链长而受到全世界的关注，是世界上仅次于水稻、小麦、玉米的四大粮食作物之一。我国是马铃薯种植第一大国。由于我国幅员辽阔，地理气候因素有显著差异，从南到北一年四季均有马铃薯种植，到2016年我国马铃薯栽培面积已达550多万公顷，年产量在9 000万吨以上。目前，在人均耕地面积逐年减少和水资源日趋匮乏的情况下，世界各国从粮食安全出发，提出改变膳食结构，增加马铃薯的生产。原因是马铃薯用途广泛，不仅可做粮食、蔬菜、休闲食品等，还是重要的工业原料。由于其淀粉及变性淀粉的独有特性，马铃薯成为食品、药品、高档鱼饲料、纺织、造纸、化工、建材、铸造、石油、天然气、钻探等许多领域的优良膨化剂、添加剂、黏合剂及稳定剂，附加值极高。

马铃薯的贮藏与禾谷类作物的贮藏相比具有较大的不同和特殊性。一般禾谷类作物收获后的商品粮或种子只要经过清选扬净和晒干达到贮存要求的含水量标准，就可以实现安全贮藏；而马铃薯则不然，由于收获的块茎一般含有75%左右的水分，在贮藏过程中极易遭受病菌的侵染而腐烂，对温度等环境条件的要求比禾谷类作物严格得多，温度高了容易生热发芽，温度低了容易发生冻害，因而马铃薯的贮藏环节比较复杂，相对困难要多些。

经过生产栽培最后收获的块茎，既是有机营养物质的贮存器官，又是延续后代的繁殖器官，因此，对马铃薯块茎进行贮藏的目的主要是保证食用、加工和种用的品质。作为食用商品薯的贮藏，应在贮藏期间减少有机营养物质的消耗，避免见光后薯皮变绿或食味变劣，使块茎经常保持新鲜状态；作为工业淀粉加工用的马铃薯，应防止淀粉转化成糖；作为种用的马铃薯，应使之保持优良、健康的种用品质以利于繁殖和增产。对在田间收获后和由田间运回的马铃薯块茎，应根据用途的不同采用科学的方法进行贮藏管理。贮藏期间实行科学管理的目的是防止块茎腐烂、发芽和病害的蔓延，以保持马铃薯的商品与种用品质，尽量降低贮藏期间的自然损耗。

一、国内外马铃薯块茎贮藏保鲜业的发展现状

马铃薯的贮藏损失是马铃薯采收后最主要的问题之一，目前很难精确统计我国马铃薯的贮藏损失量。综合各地的资料，据估计，我国的马铃薯贮藏损失率为15%～20%，轻微时也有5%，严重时可达50%。而发达国家马铃薯块茎的贮藏损失率较低，一般在5%左右。

我国在贮藏生理和贮藏病害控制研究方面基本上是空白，贮藏条件差、供应周期短等是我国马铃薯贮藏业面临的重大问题。

由于观念上的落后，我国大多数马铃薯仍处于产品状态，没有进行商品化处理，还不是真正意义上的商品，因此，附加值很低。目前国内外园艺产品产后产值与采收时自然产值比为：美国3.7∶1，日本2.2∶1，中国0.38∶1，可见差距之大，致使我国农业增产而农民却不增收。因而，农产品保鲜贮运技术的开发应用已是刻不容缓。

我国马铃薯块茎贮藏观念和贮藏设施落后。传统的马铃薯块茎贮藏一般采用土窑洞、通风库、普通冷库等，很少进行商品化处理，致使马铃薯块茎贮藏时间短、品质差，薯块外观、水分、营养成分均达不到保鲜的要求。

发达国家基本做到了采收后立即进行商品化处理，进入冷库或气调库，总贮量已占总产量的80%以上，其中气调贮藏已达到总贮量的50%，并采用冷链进行运输和销售，使商品保持其原有的外观、营养成分和风味。目前我国马铃薯冷库贮藏能力较低，气调贮藏几乎为零。由此可见，发展我国气调贮藏业，达到基本满足市场需求，还有很长一段路要走。

据调查，就我国马铃薯种薯而言，由于贮藏不当，薯块往往因蒸发、呼吸、发芽及贮藏期病虫害等造成种薯营养成分的流失，更重要的是马铃薯种植后对相关病虫害的抵御能力由此大大降低，从而对马铃薯产量及质量产生极大的负面影响。就加工薯而言，因贮藏不当大大降低了原料的利用率，贮藏期内淀粉与糖相互转化，温度过低，淀粉水解酶活性增高，薯块内单糖积累，薯块变甜，食用品质不佳，加工后产品极易出现褐变；若贮藏温度过高，则淀粉合成速度加快，但薯心容易变黑。针对我国马铃薯贮藏现状，开展适合我国的贮藏技术研究，对促进马铃薯产业发展具有重要的现实意义。

二、我国马铃薯贮藏保鲜业存在的问题

（一）贮藏的主体以农户为主

目前，我国农作物种植以个体农户为主，马铃薯收获后的贮藏也是以个体农户为主，占70%，农村合作社组织占20%，企业贮藏马铃薯只占10%，如图1-1所示。

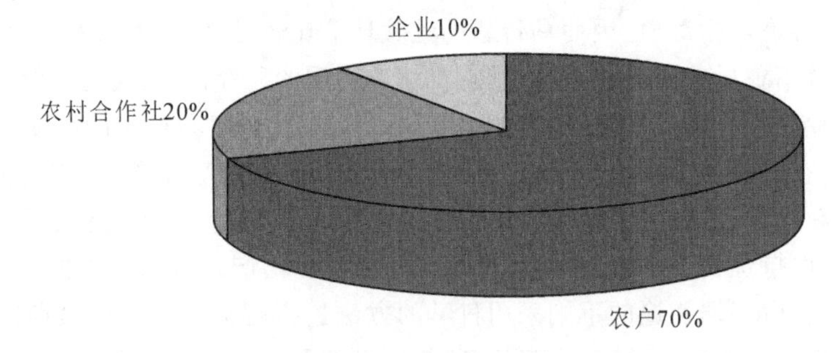

图1-1　我国马铃薯贮藏主体构成

（二）入库贮藏的马铃薯品质参差不齐

马铃薯收获后贮藏时，贮藏户图省事，不愿多投入，加上时间紧迫、劳力不足等原因，不经晾晒、挑选，泥土与块茎混合，潮湿淋雨，冻病、伤烂薯混在内一起入库（窖），贮藏常常采用倾倒的方式，薯块摔伤严重，加之堆放时人在薯堆上乱踏而踩伤薯块，严重影响了马铃薯的入库质量。泥土多易带入各种病菌，同时通气不畅，温度易升高，病烂块茎直接把大量病菌搁在薯堆内，成为贮藏库内发病的菌源，烂薯的伤口易被真菌和细菌性病害侵入，为病害的

扩大蔓延创造了条件；湿度过大不仅满足病菌繁殖传染的条件，促进腐烂菌和真菌病害的发生，还易造成块茎早期发芽。

（三）不区分品种、用途混合贮藏

大多数个体贮藏户只有一个贮藏间（室），贮藏时不区分品种、用途（如食用薯、种薯、加工用薯），将所有的马铃薯堆放在一处，不仅造成品种混杂，病害相互传染，影响品种特性，还会对食用的品质、加工价值的保持等都产生不利。只有考虑并满足不同用途的块茎对贮藏条件的不同要求，才能达到贮藏的预期目的。

（四）贮藏条件不完善

我国企业目前贮藏马铃薯的贮藏库均是简易贮藏库，条件较差，再加上选址不当，有的地下水位较高，致使贮藏库内湿度过大，甚至地表出现露水，在冬季贮藏马铃薯时，特别容易出现薯块冻害。并且没有通风设施，因而无法调节库内温湿度，不能及时换入新鲜空气。

（五）贮藏期间管理技术落后

多数农户由于人少活多，常采用"自然管理的方法"贮藏马铃薯，即在贮藏期间不检查、不调整库内的温湿度，极少通风换气，出库时才打开贮藏库，易出现烂薯、伤热、发芽、黑心及冻害等，造成较大的经济损失；或者在贮藏时只注意保温防冻，不注意通风换气，使贮藏库内因薯块自然呼吸作用产生的二氧化碳大量积累，其正常呼吸受到阻碍，就种薯而言，造成薯芽窒息，进而影响其出苗率。

（六）马铃薯贮藏技术研究滞后，导致马铃薯贮藏损失率高

由于种植户多采用简易的地窖贮藏马铃薯，而我国对这方面的研究较少，因此管理较粗放，不能够按照马铃薯贮藏生理要求和适合的贮藏条件来调节，从而导致马铃薯贮藏损失率高达25%～50%，严重影响了农民的增效。另外，随着马铃薯产业的发展，马铃薯贮藏方式的改善，也应对冷藏库贮藏、气调贮藏、辐射贮藏、热处理、药剂处理等先进的贮藏方式进行研究，探讨适合我国不同地区、不同类型马铃薯的贮藏技术。

三、我国马铃薯贮藏保鲜业的发展对策

（一）建立马铃薯产品质量标准体系，提高马铃薯产品质量

农业标准化就是指农业的生产经营活动要以市场为导向，具有规范的工艺流程和衡量标准。美国、以色列等发达国家十分重视农业标准化工作，从产前的生产资料供应，到产中的每个环节，再到产后的分级、加工、包装、储运等各个环节，都制定了系列标准，并在生产经营过程中严格规范执行。我国出口的一些农副产品由于农药、重金属含量等技术指标超过外方的限量标准，被拒收、扣留、退货、索赔和终止合同的现象屡有发生，部分传统大众出口创汇产品被迫退出国际市场。我国农产品标准化问题已经到了必须认真对待的地步。推进农产品质量标准化工作，首先要强化政府、涉农企业和农户的农产品质量标准意识，加大对农产品质量标准的宣传和贯彻力度，其次要迅速建立重要农产品的安全标准体系和监督检查体系，要把农产品质量标准化渗透到农业产业化的全过程，从种苗及生产过程的标准化抓起，逐步在产品加工、质量安全、贮藏保鲜和批发销售环节实施标准化管理，从而形成从种前到市场彼此相互衔接呼应的完整标准体系。

（二）加强农民的组织化程度

与发达国家相比，我国农产品的生产经营至少存在两大缺陷：一是农户经营规模过小，

全国平均每个马铃薯农户的种植面积不足0.2公顷，依靠自身的力量难以有效发挥市场效益；二是农户经营行为过于分散。当今马铃薯产业竞争能力较强的国家不仅农户经营规模大，而且农户经营行为的组织化程度高。在这些国家，农户一般都参加了农民自己组织的合作经济组织或农产品协会。国外的农产品协会不仅在贸易中发挥重要作用，而且通过计算机网络，有效调整农产品的上市时间，确保产量均匀分布在各个时期。市场经济不是放任经济，市场竞争要求各个市场主体都必须具备较高的组织化程度。农产品市场竞争能力的强弱与农民组织化程度的高低呈高度正相关关系。因此，面对激烈的国内、国际市场竞争局面，我国农民必须有效地组织起来，致力克服或缓解经营规模小所产生的种种不利影响，增强我国农产品的整体竞争能力。

（三）培育龙头企业，兴建加工、贮运一体化企业

世界发达国家都将马铃薯加工、贮运业作为马铃薯主导产业来大力发展。而我国长期以来把马铃薯加工定位在对残次薯的加工上，没有适宜的专用加工品种，致使加工产品质量低。近些年来，马铃薯加工业虽有一定的发展，但由于技术含量相对较低，产品层次低，存在着“加工能力不足，开工率不足”并存的现象，已严重制约马铃薯产业的发展。因此，我国一方面要调整马铃薯产业的布局结构，使马铃薯加工业尽量向原料产地集中；另一方面要积极培育高（科技含量高）、大（规模大）、外（外向型）、深（深加工）的龙头企业，实行“公司＋农户”经营模式，与广大马铃薯生产者建立“利益均沾、风险共担”的利益共同体，引导广大马铃薯生产者开拓国内外市场。同时，要调动多方面的积极性，大力发展马铃薯产业的贮、运、销等产后环节。

（四）增加马铃薯产品的科技含量

科学技术是第一生产力，科技对于马铃薯产品产业的发展，进而对于我国马铃薯产品产业走向国际化同样是极为重要的。随着人们生活水平的提高，有机或绿色食品备受青睐，我国有机或绿色马铃薯的比重低，农药残留超标率高。因此，应增加科技含量，大力发展绿色无公害产品和名特优马铃薯，依靠科技创名牌，增强市场竞争力。这样才能使我国具有强大基础与规模的马铃薯产业跃上一个新的台阶，达到马铃薯产业与国际市场接轨的目的。

（五）注重食品安全

目前，我国农产品质量问题，特别是绿色农产品质量问题已经引起了政府有关部门的高度重视，提高农产品质量、发展无污染的绿色食品已成为当前农业产业结构调整的主要目标。国家经贸委、财政部、卫生部等部委针对食品种、养、加工、流通、消费过程中存在的食品污染等“不绿色”因素，提出在“十五”时期实行“三绿工程”，即“提倡绿色消费、培育绿色市场、开辟绿色通道”，实行“从田间到餐桌”的全程质量控制；同时，将ISO 9000、GMP（生产质量管理规范）、HACCP（备案分析和关键检测点）等系统引进我国食品行业中，使食品质量管理真正纳入标准化、法制化、国际化的轨道，将有助于保证我国绿色食品的发展，并可加快与国际食品质量标准接轨的步伐。

（六）提高马铃薯的产后管理水平，减少马铃薯贮藏损失率

1. 搞好田间病害防治，适时收获

入库块茎的病斑和烂薯是马铃薯贮藏的最大隐患，而病斑和烂薯都来自田间，所以加强田间管理、防治病害的发生是减少块茎病斑和烂薯最有效的办法。通过及时、有效的田间病害防治，可以大大降低田间病害的感染率，从而有效保证马铃薯贮藏的入库质量。收获对块

茎的产量、耐贮性及抗病力都有极为重要的影响，适时收获可以促进薯皮老化，而薯皮的老化程度是决定其是否耐贮的重要指标。薯皮嫩，易擦伤和破皮，形成伤口，危险性病菌极易侵入，温湿度条件一经满足即会引起腐烂并扩大蔓延。所以必须采取措施使收获的薯块表皮老化，增强其抗伤害的能力。

2. 确保入库质量

入库马铃薯的基本要求是薯块完整，薯皮干燥，无病薯、烂薯及其他杂质等。薯块表面未经充分干燥，不仅为病菌繁殖、传染提供了条件，促使腐烂菌和真菌病害发生，还易造成块茎早期发芽。病烂块茎直接把大量病菌接种在薯堆内，成为贮藏室发病的菌源；烂薯的伤口易于真菌和细菌性病害的侵入，为病害的扩大和蔓延创造了方便条件；另外，薯块附带过多的泥土，容易造成贮藏室温度升高，通气不畅，并会带入各种病菌。因此，在贮藏前对马铃薯块茎进行认真清理是保证贮藏效果的关键步骤。

3. 分类贮藏

分类贮藏便于按用途进行相应的管理，以保证贮藏质量达到不同的贮藏要求。要做到分品种、分级别、分用途单室贮藏，特别是以种薯生产为主的农户尤其应该做到这一点，以保证用种的品质和种子纯度。

4. 控制与调节贮藏室的温湿度

温湿度条件是影响马铃薯贮藏的关键因素。一般而言，马铃薯贮藏保鲜与温度的关系最为密切。它对马铃薯的休眠长短以及芽的生长速度有极大的影响。

5. 加强贮藏期间的病害防治

马铃薯在贮藏期间易受干腐病、环腐病、软腐病、黑心病等的危害，这些病害的发生与薯块的带菌量关系密切。贮藏库内环境条件的影响也很重要，尤以温度和通气条件最为关键。总体上，贮藏温度在 5～25℃均可发病，以 15～20℃为适宜条件，当温度大于 25℃并伴以潮湿条件时易引起薯块腐烂。在贮藏初期，薯块生活力和呼吸能力较强，之后往往因通风不良而使薯块处于缺氧状态，利于厌氧性病原细菌的侵染而加重薯块的腐烂。防治马铃薯贮藏期间的病害，应以预防为主，从大田、收获、入库和贮藏等方面把握好各个关键环节，进行综合防治。

6. 加强贮藏期间的管理

在良好的贮藏条件下，马铃薯块茎的自然损耗率一般不超过 2%，因此，搞好马铃薯贮藏期间的管理，确保种薯和商品薯的品质，是贮藏工作中的一项重要任务。贮藏室(库)的温湿度、通气条件等对贮藏效果至关重要，所以，贮藏管理的工作重点是通过调节并控制贮藏室(库)的温湿度、通风换气等措施来防止贮藏病害的发生，防止薯块非正常失水以及受热发芽，降低损耗，保证块茎食用或种用的优良品质。具体的管理措施，必须按照贮藏的不同时期以及天气情况灵活掌握，原则是既防冻又防热，既防湿又防干，并做到及时检查，发现问题及时处理，若有腐烂薯应及时捡出，若温湿度不适宜应及时调节。

四、如何学好“马铃薯贮藏保鲜技术”课程

“马铃薯贮藏保鲜技术”是探索马铃薯的采后成熟、衰老、品质变化的机理，从而指导马铃薯贮藏保鲜实践的一门学科。作为一门综合性的应用学科，这门课程知识面涉及很广，它是以植物学、采后生理学、微生物学、化学、物理学、食品化学、制冷学、建筑工程学及食品机

械设备学等为基础发展起来的。随着科学技术的不断进步,各学科的相互渗透,新技术、新方法的不断出现和应用,马铃薯贮藏保鲜技术的深度和广度也在不断发展。因此,学习这门课程不仅要学习马铃薯贮藏保鲜的基本理论和基本技术,还应了解和掌握各种相关知识,以及这门学科的新技术、新知识、新方法、新产品等内容,能够与生产实际相联系,应用所学知识解决生产中的实际问题,为今后从事马铃薯贮藏保鲜工作打下扎实的基础。

项目二　马铃薯贮藏保鲜概述

知识目标

1. 了解马铃薯块茎的形态和结构。
2. 理解马铃薯产品的基本化学组成和商品质量。
3. 理解马铃薯块茎贮藏运输期的三个生理阶段及生理变化。
4. 掌握马铃薯收获后的损失类型。
5. 了解影响马铃薯贮藏的因素。

技能目标

1. 掌握马铃薯贮藏对主要环境条件的定性要求。
2. 能够鉴定马铃薯品质。
3. 熟练掌握预防及控制马铃薯收获后损失的方法。

任务一　马铃薯块茎的特性

马铃薯又名土豆、洋芋、山药蛋、地蛋、荷兰薯等，是茄科茄属的一年生植物。马铃薯是一种营养丰富、粮菜兼具的大宗农产品，是我国的第四大粮食作物。由于其适应性广、丰产性好、营养丰富、经济效益高，在我国各个生态区域都有广泛种植。目前，我国马铃薯常年栽培面积达 550 多万公顷，居世界首位。

一、马铃薯块茎的形态、色泽和结构

（一）块茎的形态

马铃薯属块茎类作物，它的块茎是一短而肥大的变态茎，是其在生长过程中积累并贮备营养物质的仓库。马铃薯块茎的形态随其品种的不同而异，主要有卵形、圆形、长筒形、椭圆形及其他不规则形状。一般每个马铃薯重 50～200g，大的可达 250g 以上。块茎表面有芽眼和皮孔，越接近顶端，芽眼越密，在芽眼里贮存着休眠的幼芽。块茎的形状以及芽眼的深浅与多少是品种的重要标志。

（二）块茎的色泽

1. 皮色

块茎的皮色有白色、黄色、粉红色、红色以及紫色。块茎经日光照射的时间过久时，皮色则变绿，绿色的和生芽的块茎中含有较多的龙葵素（又称茄碱苷）。龙葵素是一种麻痹动物运

动及呼吸系统、中枢神经的有毒物质，若含量超过 20mg/100g，食后就会引起人、畜中毒，严重时会造成死亡。因此在收获贮存过程中，要尽量减少露光的机会，以免龙葵素含量的增加。

2. 肉色

薯肉颜色一般为白色和黄色，个别品种块茎的果肉呈红色或紫色。黄色薯肉内含有较多的胡萝卜素。

块茎的皮色和肉色都是鉴别品种性状的重要依据。

(三)块茎的结构

从结构上看，块茎由表皮层、形成层环、外部果肉和内部果肉四部分组成。马铃薯的最外面一层是周皮，周皮细胞被木栓质所充实，具有高度的不透水性和不透气性，所以周皮具有保护块茎、防止水分散失、减少养分消耗、避免病菌侵入的作用。周皮内是薯肉，薯肉由外向里包括皮层、维管束环和髓部。皮层和髓部由薄壁细胞组成，里面充满着淀粉粒。皮层和髓部之间的维管束环是块茎的输导系统，也是含淀粉最多的地方。另外，髓部还含有较多的蛋白质和水分。

二、马铃薯产品的化学组成和商品质量

(一)马铃薯块茎的化学组成

马铃薯的化学成分可分为两部分，即水分和干物质(固形物)。干物质包括有机物和无机物。有机物主要有淀粉、糖、纤维、脂肪等。无机物主要指灰分，即矿物质。

1. 水分

马铃薯含量最高的成分是水分。马铃薯块茎含水分 63.2%～86.9%。水分是马铃薯完成生命活动的必要条件，对马铃薯的新鲜度有重要影响，但马铃薯含水量过高，耐藏性降低，马铃薯容易腐烂。采后的马铃薯，随着贮藏条件的改变和时间的延长而发生不同程度的失水，造成萎缩、失重、新鲜度下降，商品价值受到影响，严重时代谢失调，贮藏寿命缩短。

2. 淀粉和糖

淀粉又称多糖，主要存在马铃薯块茎维管束环的附近。马铃薯含淀粉 8%～29%，马铃薯淀粉由直链淀粉和支链淀粉组成，支链淀粉约占 80%。马铃薯淀粉的灰分含量比禾谷类作物淀粉的灰分含量高 1～2 倍，且其灰分中平均有一半以上的磷，马铃薯干淀粉中五氧化二磷的含量平均为 0.15%，比禾谷类作物淀粉中磷的含量要高出几倍。磷含量与淀粉黏度有关，含磷越多，黏度越大。糖分占马铃薯块茎总重量的 1.5%，主要是葡萄糖、果糖和蔗糖。新收获的马铃薯块茎中含糖分少，经过一段时间的贮藏后糖分增多，尤其是低温贮藏对还原糖的积累特别有利。糖分多时可达鲜重的 7%，这是由于在低温条件下，块茎内部呼吸作用放出的二氧化碳大量溶解于细胞中，从而增加了细胞的酸度，促进淀粉的分解，使还原糖增加。还原糖含量高，会使一些马铃薯加工制品的颜色加深。如将马铃薯的贮藏温度升高到 21～24℃，经过一个星期的贮藏后，大约有 80%的糖可重新结合成淀粉，其余部分则被呼吸所消耗。

3. 含氮物

马铃薯块茎中的含氮物包括蛋白质和非蛋白质两部分，以蛋白质为主，占含氮物的 40%～70%。马铃薯块茎中的蛋白质主要由盐溶性球蛋白和水溶性清蛋白组成，其中球蛋白占 2/3，球蛋白是全价蛋白质(也称完全蛋白)，几乎含所有的必需氨基酸，包括天门冬氨

酸、组氨酸、精氨酸、赖氨酸、酪氨酸、谷胱氨酸、亮氨酸、乙酰胆碱等氨基酸，其等电点为4.4，变性温度为60℃。淀粉含量低的块茎中含氮物多，不成熟的块茎中含氮物更多。马铃薯蛋白质优于小麦蛋白质，与动物蛋白质相近，易于消化，在营养上具有重要的意义。

4. 脂肪

在马铃薯块茎中，脂肪含量为0.04%～0.94%，平均为0.2%。马铃薯中的脂肪主要由甘油三酸酯、棕榈酸、豆蔻酸及少量的亚油酸和亚麻酸组成。

5. 有机酸

马铃薯块茎中有机酸的含量为0.09%～0.3%，主要有柠檬酸、草酸、乳酸、苹果酸，其中主要是柠檬酸。

6. 纤维及半纤维

纤维和半纤维是植物骨架物质细胞壁的主要成分，对组织起着支撑作用。纤维素在马铃薯表皮层中的含量多，对马铃薯有保护作用，增强耐贮性。

7. 维生素

维生素是人和动物为维持正常生理机能而必须从食物中获得的一类微量有机物质。马铃薯含有多种维生素，如维生素A、维生素B_1、维生素B_2、维生素B_3、维生素C、维生素K等。其中以维生素C最多。它们主要分布在块茎的外层和顶部。

8. 矿物质

人体所需矿物质主要来源于果蔬，马铃薯块茎中的矿物质占干物质重量的2.12%～7.48%，平均为4.38%。其中以钾最多，约占灰分总量的2/3；磷次之，约占灰分总量的1/10。马铃薯块茎中的其他无机元素有钙、镁、硫、氯、硅、钠及铁等。其中钙和镁的含量比较固定，且互为消长，钙多则镁少，或者相反。磷和氯的含量相似。马铃薯属碱性食物，对平衡食物的酸碱度具有显著的作用。

9. 茄碱苷(龙葵素)

这是一种含氮糖苷，有剧毒。它由茄碱和三糖组成，纯品为白色发光的针形结晶体，微溶于冷、热乙醇，很难溶于水、醚、苯。茄碱苷晶体的熔点为280～285℃。马铃薯的茄碱苷在芽中较多，块茎中主要在皮部。红皮马铃薯含茄碱苷比黄皮者多。贮藏期的延长、损伤、可见光等都可使马铃薯中的茄碱苷增加，即马铃薯薯皮变绿，茄碱苷含量增加，食用品质降低。正常薯块的茄碱苷含量不超过0.02%，对人畜无害。但薯块照光后或萌芽时，茄碱苷含量会急剧增加，能引起不同程度的中毒。

10. 酶类

马铃薯中含有淀粉酶、蛋白酶、氧化酶等。氧化酶有过氧化酶、细胞色素氧化酶、酚氧化酶、抗坏血酸氧化酶等，这些酶主要分布在马铃薯能发芽的部位，并参与生化反应。马铃薯在空气中的褐变就是其氧化酶的作用。防止这种褐变的方法是破坏酶类或将其与氧隔绝。

(二)马铃薯块茎的商品质量

1. 马铃薯的分类

根据马铃薯淀粉、蛋白质的含量和经济价值，马铃薯可分为：

食用型：包括鲜食型和加工型，富含各种营养成分，适用于鲜食和加工各种马铃薯食品。

工业型：富含淀粉，适用于加工淀粉。

淀粉的含量是区分食用型与工业型的主要依据。工业型的淀粉含量，国外品种一般为

22%～24%，新品种甚至高达28%，国内品种一般为12%～20%。

马铃薯中含有酪氨酸酶，酪氨酸酶接触空气中的氧，就能使酪氨酸和其他物质发生作用，生成有色物质，使薯汁呈红色。若有铁离子存在，则酪氨酸被氧化成黑色颗粒状物质，影响淀粉的色泽。如果在制作淀粉时使用二氧化硫水清洗，可以防止这种作用的发生。

2. 质量要求

一般来说，生产淀粉要用淀粉含量较高的马铃薯做原料，生产马铃薯食品要用蛋白质含量较高的马铃薯做原料。

从块茎形状来说，中等大小的块茎(50～100g)淀粉含量较多，大块茎(＞100g)和小块茎(＜50g)一般淀粉含量较少。

品质好的块茎，应具备皮薄、光滑、色泽鲜艳、芽眼浅而少、无破损、无冻害、无病虫害的特征。制淀粉时，其薯肉最好呈白色或淡黄色，干物质含量以不少于21%的为佳；表皮过厚和芽眼深的块茎会给清洗、去皮等操作带来困难。受到病虫害或冻害都会引起肉质部分变质和腐烂，用于加工淀粉和食品时，不仅损耗量大，而且会影响到产品的质量。

三、马铃薯块茎在贮藏运输期间的三个生理阶段

采收后的马铃薯在贮藏运输过程中，其化学成分仍会发生一系列变化，了解块茎在贮藏期间因温度、湿度和空气条件的影响而发生生理状态与化学成分的变化规律，是做好马铃薯贮藏工作的前提。马铃薯块茎贮藏期间，要经过后熟期、休眠期和萌发期三个阶段。

(一)后熟期

刚收获的马铃薯块茎还未达到充分成熟，表皮尚未充分木质化，含水量高，表皮黏附了泥土，外界温度高。这个阶段块茎呼吸消耗多，质量急剧下降，通常需要15～30d的生理活动过程才能使块茎表皮充分木栓化，未成熟的块茎达到成熟，呼吸转为微弱而平稳的过程，称之为后熟期或后熟阶段，又叫休眠预备阶段。

在马铃薯后熟期的生理过程中，由于块茎呼吸旺盛，水分蒸发较多，质量在短期内急剧地减轻，同时也放出相当多的热量，使薯堆的温度增高，因此要求有较好的通风条件。另外，收获中遭到机械损伤、表皮擦伤或被挤伤的块茎，也要在贮藏前的后熟阶段给予良好的条件，使伤口迅速愈合。否则当木栓层和伤口周皮不能很好形成时，常常遭到真菌等病原菌的浸染，特别容易遭受到干腐病病原物，即镰刀菌和腐烂病菌的入侵，也难以通过安全贮藏，往往成为病原微生物的携带者而感染薯堆的其他块茎。

为了保证贮藏质量，刚收获的马铃薯在阴凉通风处预贮15d左右，渡过后熟阶段再入库(窖)。

(二)休眠期

后熟阶段完成后，表皮开始木质化，伤口愈合，块茎表面变干燥，块茎呼吸强度及其生理生化活性下降并逐渐趋于最低，块茎芽眼中幼芽处于相对稳定不萌发的状态，即进入生理休眠状态。

休眠期有以下两种状态：

1. 自然休眠

马铃薯块茎中的芽眼，在环境条件适合发芽的情况下，由于它生理上的原因而不萌发，称之为自然休眠。

2. 被迫休眠

马铃薯块茎的自然休眠期已过，由于环境条件不利于芽的萌动和生长，仍继续处于休眠状态，叫做被迫休眠。

处于休眠期的块茎干物质损耗最少，有利于贮藏。马铃薯的休眠期一般有2～4个月。马铃薯休眠期的长短主要受品种、块茎生理状态、外界环境条件等因素的影响。马铃薯休眠期的长短因品种不同而异，如克新1号的休眠期长达150天，大西洋、夏波蒂的休眠期较短。成熟马铃薯块茎的休眠期相对较短。贮藏温度也影响休眠期的长短，低温条件下休眠期长，特别是贮藏初期的低温条件对延长休眠期十分有利，而高温促使提早发芽。人为控制好温度等外界条件，可以按需要促进其迅速地通过休眠期，也可以延长其被迫休眠的时间。

（三）萌发期

马铃薯通过休眠期后，在适宜的温湿度条件下，芽眼内的幼芽就开始萌动生长，块茎各项生理生化活动进入了一个新的活化阶段，这是马铃薯发育和持续生长过程的开始。块茎进入萌发期，标志着食用薯和加工原料薯的贮藏即将结束，应尽快利用，否则，其品质将显著降低，不宜做商品供应市场和加工效率低。而作为农业生产的种薯贮藏，这正是一年生产的开始，在窖贮的管理上则需进一步加强，除注意防止伤热和冻害外，还要避免薯堆长出长芽，降低种用品质。马铃薯块茎通过休眠进入萌发期时，也是农业生产对种薯采用春化处理等措施的适宜时期。

四、马铃薯块茎在贮运期间的生理变化

（一）淀粉——糖转化

马铃薯富含淀粉和糖，在贮藏中淀粉与糖能互相转化。当温度降至0℃时，淀粉水解酶活性增高，薯块内单糖积累，薯块变甜，食用品质不佳，加工品易褐变。如果贮藏温度升高，单糖又会合成淀粉。因此，贮藏期间必须通风换气，及时排除二氧化碳、水蒸气和热气。根据试验，贮藏200d的块茎，淀粉平均损失7.9%，如果块茎发芽或腐烂，淀粉损失会增加到12.5%。因此，薯块用途不同，适宜的贮藏温度也不同。

（二）茄素含量的增加

随着贮期的延长，茄碱苷的含量会增加，其中以幼芽中的含量较多，因此要尽量防止发芽。另外，机械损伤和日光照射都会使茄素增加、薯块变绿，影响食用品质。

（三）伤口的愈合

收获入库（窖）时由于人为原因造成的薯块表皮擦伤或裂口，在条件适宜下还可以愈合，减少水分蒸发和病菌入侵。愈合过程为：伤口表面形成一层木栓层—木栓形成层—木栓化的周皮细胞将伤口填平。影响因素包括：

(1)伤口种类。擦伤、铲伤、碰撞破裂的伤口可以愈合，挤压的伤口不可愈合。

(2)品种。不同品种的愈伤速度不同。

(3)块茎的生理状态。薯块越年幼，愈合速度越快；越老则越慢。

(4)环境条件。主要是温度：7℃时7d愈合，10℃时4～6d愈合，15℃时3d愈合，21℃时2d愈合，低于7℃不愈合。湿度以85%～93%为宜。高浓度氧气和低浓度二氧化碳有利于愈合。总之，贮藏之初的2～3周，使温度保持在15～20℃、湿度85%～95%，适当通风，增加二氧化碳含量，减少二氧化碳浓度，可加快伤口愈合速度。

任务二　马铃薯收获后的损失

马铃薯块茎在贮藏期间的损失是不可避免的，马铃薯的贮藏损失可包括重量损失和品质损失。重量和品质两方面的损失是由物理、生理和病理因素造成的。物理因素包括两方面，即土壤条件、温度条件。生理因素主要是高温影响和低温影响。病理因素可分为收获前和收获时或收获后等侵染因素。马铃薯在贮藏期间块茎重量的自然损耗是不大的，伤热、受冻、腐烂所造成的损失是最主要的。

一、内部黑斑

从收获到市场销售、贮藏加工等的一系列运输过程中，块茎遭到碰撞，造成皮下组织损伤，在冲击损伤后的1～3d，马铃薯内部便出现黑斑，损伤部位变成黑褐色，表皮并没有受损的迹象。变黑的程度与温度有密切关系，一般在低于10℃的条件下容易产生黑斑。受碰撞损伤部位的细胞由于氧化产生黑色素，使组织部分变黑。黑色素是由酚类物质氧化产生的，酪氨酸和绿原酸在酚酶的催化作用下发生氧化反应，在反应过程中，氧化物质的颜色由褐色变至红色，最后变为黑色。有试验证明，由冲击损伤引起黑斑的程度与马铃薯的品种无关，而且损伤后在自然条件下放置3d与损伤块茎在一定压力的氧气下快速反应2h，所产生黑斑的程度基本上一样，这说明块茎内黑斑形成的时间与氧气量有关。

二、机械伤

马铃薯在收获和运输期间，由于擦伤、切伤、跌落、刺破和敲打都易于造成机械伤。马铃薯机械伤刺激马铃薯中糖苷生物碱的合成。糖苷生物碱的合成程度依赖于品种、机械伤的类型、贮藏温度和时间。根据国外学者的研究，收获期的物理损伤是以后贮藏期间损失的主要原因，因为它促进了真菌感染和刺激了生理衰败和水分损失。

三、变青

变青是马铃薯存在的严重问题，其对市场品质有不利影响。马铃薯变青往往伴随着糖苷生物碱的生成，当糖苷生物碱的浓度是正常马铃薯糖苷生物碱浓度的5～10倍，即15～20mg/100g时，在烹调时会产生异味。马铃薯变青受品种、成熟度、温度和光照的影响，这些因素相互作用对马铃薯的变青产生影响。

四、发芽

马铃薯贮藏在较高的温度下会发芽，导致明显的损失。发芽的马铃薯不适用于加工和家庭消费。贮藏中马铃薯发芽的温度是10～20℃，低于5℃发芽很慢。在5～20℃，随着温度的升高，发芽速度加快，20℃后发芽速度反而降低。马铃薯在10℃下贮藏将导致糖含量的增加，会使加工产品的颜色加深。在发芽期间，块茎中维生素C的含量发生了变化。在发芽初期，随着温度的升高和其他物质的减少，块茎中维生素C的含量降低。贮藏8个月后，芽中维生素C的含量高于块茎中维生素的含量。

五、黑心

在贮藏期间，缺少通风或氧气是马铃薯黑心病发生的根本原因。它是以黑灰色、略带紫色或黑色的内部污点为特征的。控制黑心的方法是：马铃薯的贮藏温度不要过高或过低。若密闭贮存，应进行强制通风。

六、空心

空心与马铃薯块茎体积增长过快有关，大块茎的马铃薯常有此病发生。

七、冷害

为了延长贮藏时间，马铃薯常置于低温（0～1.1℃）下贮藏，但长时间在此温度下贮藏，大多数马铃薯都易遭受冷害。受轻微冷害的马铃薯往往外部无明显症状，只是内部薯肉发灰，食用时产生不愉快的甜味，煮食时颜色变暗；冷害严重时，块茎中出现微红或大斑点症状或全部变黑褐色。遭受冷害的块茎在解冻时迅速崩溃，变得柔软，产生异味，增加腐烂的易感性。根据马铃薯总固形物含量的不同，冰点在－2.1～－0.6℃。

八、热伤（烫伤）

热伤是由于马铃薯在贮运期间或在包装间经受高温造成的，它与阳光直射是相联系的，但任何能使马铃薯表面组织升高到 48.9℃或更高温度的因素都能产生热伤。热伤的表现为产生凹陷或不凹陷的不规则形褐斑，内部全部或局部变褐、软化、淌水，也会被许多微生物侵入危害，发生严重腐烂。

九、结露（出汗）

贮藏中的马铃薯常会出汗（或称结露），即块茎外表面出现微小的水滴，这种现象的发生主要是块茎与贮藏环境的温差造成的。如果块茎表层温度降低到露点以下，发生结露现象，就说明贮藏措施不当，应及时处理，否则，块茎可能发芽、染病甚至腐烂。防止出汗的办法是保持贮藏温度稳定，避免贮藏温度忽高忽低。可在马铃薯堆上覆盖吸湿性的材料并经常更换。

任务三　影响马铃薯贮藏保鲜的因素

马铃薯贮藏是根据马铃薯的采前、采后生理特性，采取物理和化学方法，使马铃薯在贮藏中最大限度地保持其良好的品质和新鲜状态，并尽可能地延长其贮藏时间。

马铃薯良好品质的保持能力取决于采前和采后两方面的因素。马铃薯的品质与贮藏性是在采收之前形成的生物学特性，它受到生物、生态、农业技术等因素的影响，选择品质优良的耐藏品种是搞好贮藏的基础。马铃薯采后的商品化处理、运输、贮藏设施与管理技术等因素，对马铃薯的贮藏品质同样会产生重要作用，因为马铃薯采后仍然是一个有生命的活体，在采后的商品化处理、运输、贮藏过程中，继续进行着各种生理代谢，向着衰老、败坏方面变化，直至生命活动停止。采取一切可能的措施减缓这种变化速度，较长时间地保持其特有的新鲜品质，是马铃薯采后贮藏保鲜的主要任务。

马铃薯块茎在贮藏期间的损失是不可避免的。马铃薯在贮藏期间块茎质量的自然损耗是不大的，引起损失的原因一般有呼吸、蒸发、发芽、被真菌浸染和虫害等，伤热、受冻、腐烂所造成的损失是主要的。目前国内马铃薯的贮藏损失为15%～20%，发达国家由于贮藏条件的改善和贮藏管理技术的提高，贮藏损失一般在5%左右。

一、采前因素对马铃薯产品品质和耐贮性的影响

采前因素与马铃薯质量及其耐贮性有着密切关系。影响马铃薯质量及其耐贮性的采前因素主要有生物因素、生态因素和农业技术因素。选择生长发育良好、品质优良的马铃薯品种作为贮藏原料，是搞好贮藏的重要基础。

（一）生物因素

1. 品种

马铃薯的品种不同，其耐贮性有明显差异。一般来说，不同品种的马铃薯产品以晚熟品种最耐贮，中熟品种次之。如克新1号、克新3号、夏波蒂、大西洋的耐贮性强，紫花白、费乌瑞它较耐贮，内薯3号不耐贮。

2. 种薯的品质

种薯的品质直接影响马铃薯的产量和品质。优质种薯的品质优良、耐贮性强。

3. 块茎的成熟度

成熟度好的块茎，表皮木栓化程度高，收获和运输过程中不易擦伤，贮藏期间失水少，不易皱缩。此外，成熟度好的块茎，其内部淀粉等干物质积累充足，大大增强了耐贮性。未成熟的块茎，由于表皮幼嫩，未形成木栓层，收获和运输过程中易受擦伤，为病菌侵入创造了条件。由于幼嫩块茎含水量高，干物质积累少，缺乏对不良环境的抵抗能力，因此贮藏过程中易失水皱缩和发生腐烂。

4. 果实大小

同一品种的马铃薯，果实的大小与其耐贮性密切相关。一般来说，以中等大小和中等偏大的果实最耐贮。

（二）生态因素

1. 温度

马铃薯在生长发育过程中，温度对其品种和耐贮性会产生重要影响。因为马铃薯在生长期间都有其适宜的温度范围和积温要求，在其生长发育过程中，温度过高或过低都会对其生长发育、产量、品质和耐贮性产生影响。昼夜温差大，有利马铃薯块茎营养物质积累，耐贮性强。

2. 光照

光照直接影响马铃薯干物质的积累，从而影响马铃薯的品质和耐贮性。光照充足，干物质明显增加，耐贮性增强。

3. 降水量和空气湿度

降水多少关系着土壤水分、土壤pH值及可溶性盐类的含量，同时，降雨会增加土壤湿度，减少光照时间，从而影响马铃薯的化学组成、组织结构与耐贮性。一般在阳光充足又有适宜降雨量的年份生产的马铃薯的耐贮性好。

4. 土壤

土壤的理化性质、营养状况、地下水位高低直接影响马铃薯的产量、化学组成，进而影响马铃薯的品质和耐贮性。马铃薯适宜在土壤疏松肥沃，土质深厚，易排水和灌水的微酸性的砂质壤土中生长。

（三）农业技术因素

1. 施肥

肥料是影响马铃薯发育的重要因素，最终关系到马铃薯的产量、品质和耐贮性。马铃薯是高产喜肥作物，对肥的反应非常敏感。马铃薯的整个生长期需大量的氮、磷、钾肥。此外，钙、铜、镁也是马铃薯生长不可缺少的。施用有机肥料，土壤中缺少微量元素的现象较少，所以应重视有机肥的应用。

2. 灌溉

土壤水分的供给状况是影响马铃薯生长、块茎大小、品质及耐贮性的重要因素之一。块茎形成期和增长期缺乏水分，会造成产量不高，块茎品质不好；淀粉积累期灌水较多，易造成薯块腐烂，降低耐贮性。因此，灌水要适当，须依据马铃薯需水规律及降雨情况合理灌水。

3. 病虫害防治

病虫害不仅可以造成马铃薯产量较低，而且对马铃薯的品质与耐贮性也有不良影响。各种病虫害的发生都会造成马铃薯商品价值下降，影响品质，缩短贮藏寿命，如马铃薯环腐病、晚疫病。

二、采后马铃薯的商品化处理

我国马铃薯块茎贮藏观念、贮藏设施和技术落后，传统的马铃薯块茎贮藏方法一般采用土窑洞、通风库、普通冷库的办法，很少进行商品化处理。

（一）块茎的质量

入库块茎的质量是影响贮藏质量的重要因素。收获后的块茎如果不经晾晒、挑选，将混合于块茎中的泥土，淋雨、受冻、感病的块茎一块入库，就会降低块茎的贮藏质量。一方面，块茎带泥土贮藏，会堵塞其间隙，造成通风不良，温度高，湿度大，易发生病害和腐烂；另一方面，感病的块茎会直接把大量的病菌接种在薯堆内，成为库内发病的病源，为病害的扩大蔓延创造条件。

（二）不区分品种、用途混合贮藏

大多数个体贮藏户只有一个贮藏间（室），贮藏时不区分品种、用途（如食用薯、种薯、加工用薯），将所有的马铃薯堆放在一处，不仅造成品种混杂，病害相互传播，影响品种特性，还对食用的品质、加工价值的保持等都不利。只有考虑并满足不同用途的块茎对贮藏条件的不同要求，才能达到贮藏的预期目的。

三、贮藏条件的影响

（一）温度

马铃薯贮藏期间的温度调节最为关键。因为贮藏温度是块茎贮藏寿命的主要因素之一。环境温度过低，块茎会受冻；环境温度过高，会使薯堆伤热，导致烂薯。一般情况下，当环境温度在－1～3℃时，9h 块茎就冻硬；－5℃时，2h 块茎就受冻。长期在0℃左右的环境中贮藏块茎，芽的生长和萌发受到抑制，生命力减弱。高温下贮藏，块茎打破休眠的时间较短，也易引起烂薯。不同用途的块茎对温度有不同的要求。种薯贮藏要求较低的温度，最适宜的贮存温度是2～3℃；商品薯的最适宜贮存温度是1～4℃。加工用的原料薯，为防止糖化和保证最少的损耗，短期贮藏以10～15℃为宜，长期贮藏以7～8℃为宜，加工前两周再将温度上升至15～20℃，使还原糖逆转为淀粉，以减轻对品质的影响。

（二）湿度

湿度是影响马铃薯贮藏的又一重要因素。保持贮藏环境内的适宜湿度，有利于减少块茎失水损耗，以及保证块茎有一定的新鲜度。但是库（窖）内过于潮湿，块茎上易凝结小水滴，为结露现象，也叫“出汗”。结露对贮藏马铃薯极为不利，一方面会促使块茎在贮藏中后期发芽并长出须根，降低块茎的商用品质、加工品质和种用品质；另一方面由于湿度大，还会为一些病原菌和腐生菌的侵染创造条件，导致发病和腐烂。相反，如果贮藏环境过于干燥，虽可减少腐烂，但极易导致薯块失水皱缩，同样降低块茎的商品性和种用性。因此，当贮藏温度在1～3℃时，无论是商品薯还是种薯，最适宜的贮藏湿度应为85%～93%。马铃薯贮藏湿度变化的安全范围为80%～93%。

（三）光照

商品薯、食品加工用原料薯的贮藏，应避免见光，直射日光和散射日光都能使马铃薯块茎表皮变绿，使有毒的龙葵素含量增加，降低食用价值和加工品质。因此，作为食用商品薯和食用加工原料薯，应在黑暗无光条件下贮藏。而种薯在贮藏期间可以见光，既可避免烂薯，也可抑制幼芽的徒长从而形成短壮芽，有利于后代产量的提高。

（四）气体

贮藏库（窖）内如果通风不良，就会引起二氧化碳积累，从而引起块茎缺氧呼吸，这不仅使养分损耗多，而且会因缺氧，块茎组织窒息而产生黑心。种薯如果长期贮藏在二氧化碳过多的库内，会影响活力，造成田间缺苗和产量下降。因此，马铃薯贮藏库（窖）内必须保证有流通的清洁空气，保证块茎有足够的氧气进行呼吸，同时排除多余的二氧化碳。

（五）通风

通风可以分为自然通风和强制通风。通风不仅可以降低二氧化碳浓度，有利于薯块伤口木栓层的形成，而且可以通过贮藏库内空气的循环流动，散出热、水、二氧化碳气体，调节贮藏库内的温度和湿度。

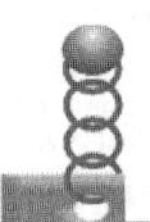

思考与练习

1. 简述马铃薯块茎的形态和结构。
2. 简述马铃薯产品的基本化学组成和商品质量。
3. 简述马铃薯块茎贮藏运输期的三个生理阶段及生理变化。
4. 简述马铃薯收获后的损失类型。
5. 影响马铃薯贮藏的因素有哪些？

项目三　马铃薯的采后生理

知识目标

了解马铃薯采后呼吸、蒸腾、成熟(衰老)、休眠生理与贮藏的关系。

技能目标

学会进行马铃薯呼吸强度的测定。

马铃薯从种植到成熟,经过完熟到衰老,是一个完整的生命周期。马铃薯采收之前,靠发达的根系吸收水分和无机成分,利用叶片的光合作用积累并贮藏营养从而使马铃薯产品具有优良的品质。采收之后马铃薯失去了水分和无机物的供应,同化作用基本停止,但仍然是一个"活"的生理机体,在贮运中继续进行一系列的复杂生理活动。其中最重要的有呼吸生理、蒸腾生理、成熟(衰老)生理、休眠生理,这些生理活动影响着马铃薯的贮藏性和抗病性,必须进行有效的调控。

任务一　呼 吸 生 理

马铃薯块茎收获后,呼吸作用成为其采后生理的主要过程。呼吸作用是指在一系列酶的作用下,生物体将复杂的有机物分解为简单的物质,同时释放出能量的过程。

一、呼吸的类型

1. 有氧呼吸

有氧呼吸是主要的呼吸方式,它在氧气的参与下,将本身复杂的有机物(如糖、淀粉、有机酸)彻底氧化成二氧化碳和水,同时释放能量。其典型的反应式如下:

$$C_6H_{12}O_6+6O_2+38ADP+38H_3PO_4 = 6CO_2+6H_2O+38ATP(1\ 276.8kJ)+1\ 544kJ$$

上述反应式说明当葡萄糖直接作为呼吸底物时,可释放能量 2 820.8kJ,其中的 45%以生物能形式(38ATP)贮藏起来,55%以热能(1 544kJ)形式释放到体外。

2. 无氧呼吸

无氧呼吸是在缺氧条件下,呼吸底物不能彻底氧化,产生酒精、乙醛、乳酸等产物,同时释放少量能量的过程。其典型的反应式如下:

$$C_6H_{12}O_6 = 2C_2H_5OH+2CO_2+87.9kJ$$

有氧呼吸产生的能量是无氧呼吸的 32 倍。为了获得维持生理活动需要的足够的能量,无氧呼吸就必须分解更多的呼吸基质,也就是消耗更多的营养成分。同时,无氧呼吸产生的乙醛、酒精等在马铃薯体内过多积累，对细胞有毒害作用，使之产生生理机能障碍，产品质量恶化，影响贮藏寿命。因此，长时间无氧呼吸对马铃薯贮藏是极为不利的。

二、与呼吸有关的基本概念

1. 呼吸强度

呼吸强度是指在一定温度下，单位时间内单位重量马铃薯呼吸所排出的二氧化碳量或吸入氧气的量，常用单位为 mg/(kg·h)或 mL/(kg·h)。呼吸强度是衡量呼吸作用进行强弱(大小)的指标，呼吸强度大，呼吸作用旺盛，营养物质消耗快，贮藏寿命短。

2. 呼吸系数(呼吸商)

呼吸系数是指马铃薯在一定时间内，其呼吸所排出的二氧化碳和吸收的氧气的容积比，用 RQ 表示。呼吸系数在一定程度上可以估计呼吸作用性质和底物的种类。以葡萄糖为底物的有氧呼吸，$RQ=1$；以含氧高的有机酸为底物的有氧呼吸，$RQ>1$；以含碳多的脂肪酸为底物的有氧呼吸，$RQ<1$。当发生无氧呼吸时，吸入的 O_2 少，$RQ>1$。RQ 值越大，无氧呼吸所占的比例也越大；RQ 值越小，需要吸收的 O_2 量越大，氧化时释放的能量越多。所以蛋白质、脂肪所供给的能量最高，糖类次之，有机酸最少。

3. 呼吸热

呼吸热是指马铃薯在呼吸过程产生的热中，除了维持生命活动以外，散发到环境中的那部分的热量。以葡萄糖为底物进行正常有氧呼吸时，每释放 1mg CO_2，相应释放近似 10.68kJ的热量。马铃薯产品贮藏运输时，常采用测定呼吸强度的方法间接计算它们的呼吸热。在马铃薯产品的贮藏运输中，如果通风散热条件差，呼吸热无法散出，会使产品自身温度升高，进而又刺激了呼吸，放出更多的呼吸热，加速营养消耗。因此，贮藏中通常要尽快排除呼吸热，降低产品温度。

4. 呼吸温度系数

在生理温度范围内(0～35℃)，温度升高 10℃时呼吸强度与原来温度下呼吸强度的比值即呼吸温度系数，用 Q_{10} 来表示。它能反映呼吸强度随温度而变化的程度。如果 $Q_{10}=2\sim2.5$，表示呼吸强度增加了 1～1.5 倍；该值越高，说明产品呼吸受温度的影响越大。因此，在贮藏中严格控制温度，即维持适宜而稳定的低温，是搞好贮藏的前提。

三、影响呼吸强度的因素

1. 品种

不同品种马铃薯块茎的呼吸强度不一样。一般来说，早熟品种的呼吸强度大，不耐贮藏；中熟品种的呼吸强度小，较耐贮藏。

2. 成熟度

在马铃薯块茎发育过程中，随着生理活性状态和成熟度的不同，其呼吸强度也在变化。块茎刚收获时，表皮细嫩，木栓化程度低，水分含量高，处于后熟阶段，此时，块茎呼吸旺盛，放出的 CO_2 最多，放热多，湿度高，温度高。一般经过 15～30d 的后熟作用，块茎表皮充分木栓化，伤口愈合，呼吸减弱，逐渐转入生理休眠期。

3. 温度

呼吸作用是在一系列酶的作用下发生的生物化学过程。在一定温度范围内，呼吸随温

度的升高而加强。马铃薯种薯贮藏最适宜的温度是2～3℃；商品薯贮藏最适宜的温度是1～4℃；加工用的原料薯，短期贮藏以10～15℃为宜，长期贮藏以7～8℃为宜，加工前两周再将温度上升至15～20℃。

任务二　蒸腾生理

一、蒸腾作用

蒸腾作用是指植物体内的水分以气态方式从植物的表面向外界散失的过程。蒸腾作用对马铃薯保鲜的影响很大。新鲜马铃薯块茎的含水量为63.2%～89.6%，采后因蒸腾作用脱水而导致马铃薯失重和失鲜，引起组织萎蔫，严重影响商品外观和贮藏寿命。蒸腾作用与物理学蒸发过程不同，蒸腾作用不仅受外界环境条件的影响，而且受植物本身的调节和控制，因此它是一种复杂的生理过程。

二、蒸腾作用对马铃薯贮藏的影响

1. 失重和失鲜

失重又称自然损耗，是指贮藏过程中蒸腾失水和干物质损耗所造成的质量减少。失水是失重的重要原因。失水会引起产品失鲜，即品质方面的损失。马铃薯贮藏10d，自然损耗率为6.0%。

2. 破坏正常代谢过程

马铃薯蒸腾失水会引起组织代谢失调。当马铃薯水分蒸腾，组织发生萎蔫时，水解酶活力提高，造成马铃薯变软、皱缩。有研究发现，组织过度缺水会引起脱落酸含量增加，并且刺激乙烯合成，加速器官的衰老。

3. 降低耐贮性和抗病性

蒸腾萎蔫引起正常的代谢作用被破坏，水解过程加强，细胞膨压下降，造成结构特性改变，这些都会影响马铃薯的耐贮性和抗病性。另外，贮藏环境过于潮湿，块茎上会发生“出汗”，一方面会促使块茎在贮藏中后期发芽并长出须根，降低块茎的商用品质、加工品质和种用品质；另一方面由于湿度大，还会为一些病原菌和腐生菌的侵染创造条件，导致发病和腐烂。

三、影响马铃薯蒸腾作用的因素

马铃薯的蒸腾作用主要受自身和环境因素的影响。

(一)马铃薯自身因素

1. 马铃薯的比表面积

比表面积是指单位重量或体积的马铃薯的表面积(cm^2/g或cm^2/cm^3)。因为水分是从马铃薯产品表面蒸发的，因此比表面积越大，蒸腾就越强。小块茎比大块茎的比表面积大，蒸发水分较快，在贮运过程中也更容易萎蔫。

2. 表面组织的结构与特点

(1)表皮单位面积上自然孔口的数量。水分蒸腾的主要途径为气孔、皮孔等自然孔口，因此，表皮单位面积上自然孔口的数量越多，水分就越容易蒸腾。马铃薯水分蒸腾强度与表皮单位面积上自然孔口（皮孔和气孔）的数目有关。

（2）表皮覆盖的完整度。产品表面角质层木质化完整程度越高，水分通过这些覆盖层及其裂纹蒸腾的可能性就越小。机械损伤、虫伤、病伤等会破坏产品表皮覆盖层的完整度，因而受伤部位的水分蒸腾会明显增强。

（3）表皮覆盖层的厚度。幼嫩产品因表皮覆盖层较薄，部分水分便可通过幼嫩角质层而蒸发。一旦产品成熟，表面角质层充分发展达到一定厚度，水分则很难通过覆盖层蒸发。

3. 细胞的保水力

马铃薯水分蒸腾的速度与细胞中可溶性物质和亲水胶体的含量有关。原生质亲水胶体和固形物含量高的细胞有较高渗透压，可阻止水分向细胞壁和细胞间隙渗透，利于细胞保持水分。马铃薯产品的含水量为73%时，在0℃下贮藏3个月，含水量失重2.5%。

4. 新陈代谢

呼吸强度高、代谢旺盛的组织失水较快。

（二）贮藏环境因素

1. 空气湿度

空气湿度是影响产品表面水分蒸腾的直接因素。常见的表示空气湿度的指标包括绝对湿度、相对湿度、饱和湿度、饱和差。绝对湿度是指单位体积空气中所含水蒸气的质量（g/m^3）。相对湿度是指空气中实际所含的水蒸气的量（绝对湿度）与当时温度下空气所含饱和水蒸气量（即饱和湿度，是指在一定温度下单位体积空气中所能最多容纳的水蒸气的量）之比，反映空气中水分达到饱和的程度。生产实践中常以测定相对湿度来了解空气的干湿程度。

$$相对湿度(RH)=A(绝对湿度)/E(饱和湿度)\times 100\%$$

饱和差是空气达到饱和尚需要的水蒸气的量，即绝对湿度与饱和湿度的差值，直接影响产品水分的蒸散。若空气中水蒸气的温度超过饱和湿度，就会凝结成水珠，温度越高，容纳的水蒸气越多，饱和湿度越大。

采后新鲜马铃薯产品组织中充满水，其蒸气压一般是接近饱和的，相对湿度在99%以上，当贮藏在一个相对湿度低于99%的环境中，水蒸气便会从组织内向贮藏环境中移动，即水蒸气与其他气体一样从高密度处向低密度处移动。因此，在一定温度下，绝对湿度或相对湿度大时，达到饱和的程度高、饱和差小，蒸发就慢；贮藏环境越干燥，即相对湿度越低，水蒸气的流动速度越快，组织的失水也越快，马铃薯中的水分就越易蒸发，马铃薯就越易萎蔫。由此可见，马铃薯产品的蒸腾失水率与贮藏环境中的湿度呈反比。

因此，在实际应用过程中，常用地面洒水、喷雾、在通风口导入湿空气等方法，保持正常库中较高的相对湿度，减少水分蒸发。

2. 温度

温度骤降影响到空气中的水汽含量及水汽压。温度越高，空气饱和所需要的水汽量便越大，水汽压也越高。此外，温度还影响水分子的运动速度，高温下组织中水分外逸的概率增大，同时，较高温度下细胞液的胶体黏性降低，细胞持水力下降，水分在组织中也容易运动。当马铃薯温度与环境温度一致，并且该温度是马铃薯的最适贮藏温度时，水分蒸腾就趋于缓慢，此时环境中的相对湿度是影响蒸腾速率的主要因素。所以，贮藏环境的低温有利于

抑制水分蒸发。

3. 空气流动速度

贮藏环境中的空气流动会改变贮藏马铃薯产品周围空气的相对湿度，从而影响水分蒸发。空气流动越快，水分蒸发越强。

4. 气压

气压也是影响马铃薯水分蒸散的一个重要因素。在一般正常条件下，气压正常时对产品的影响不大。当采用真空冷却、真空干燥、减压预冷、减压贮藏等减压技术时，水分沸点降低，蒸发很快。减压条件下组织易蒸发干萎，因此，要注意采取相应的加湿措施防止失水萎蔫。

四、控制蒸腾失水的主要措施

1. 适时采收

严格控制马铃薯采收成熟度，使保护层发育完全。

2. 提高湿度

增大贮藏环境的相对湿度，达到抑制水分蒸发的目的。贮藏中可采用地面洒水、放湿锯末、库内挂湿帘等简单措施，或用自动加湿器向库内喷雾或水蒸气的方法，以增加贮藏环境的相对湿度，抑制水分蒸散。特别是西北地区采用通风贮藏库贮藏，用风机通风时，要注意增加湿度。

3. 降低温度

采用稳定的低温贮藏是防止失水的重要措施。一方面，低温抑制呼吸代谢作用，对减少失水起一定作用；另一方面，低温下饱和湿度小，产品自身蒸发的水分能明显增加环境相对湿度，失水缓慢。但低温贮藏时，应避免温度较大幅度的波动，因为温度上升，蒸散加快，环境绝对湿度增加，在此低温下本来空气的相对湿度较高，蒸散的水分很容易使其达到饱和，当温度下降，空气湿度达到饱和时就容易引起产品表面结露，进而引起腐烂。

4. 控制空气流速

空气流速较块，容易带走水分。空气流动虽然有利于马铃薯散发热量，但风速对马铃薯失水有很大影响。降低空气流速，可以有效地保持水分，减少蒸腾速度。可通过控制风机在低速下运转，或者缩短风机开动的时间，以减少水分损失。

5. 包装、涂膜

良好的包装是减少水分损失和保持新鲜的有效方法之一。包装降低失水的程度取决于包装材料对水蒸气的透性。涂膜不但可减少马铃薯水分蒸腾，还可以增加马铃薯的光泽和改善商品的外观。

五、结露现象

马铃薯在贮运中，其表面会出现凝结水珠的现象，称之为“结露”，俗称“发汗”。结露时块茎表面的水珠十分有利于微生物生长、繁殖，从而导致腐烂发生，对贮藏极为不利。所以在贮藏中应尽可能避免结露现象发生。

贮藏运输中的马铃薯之所以会产生结露现象，是环境中温湿度的变化引起的。大堆贮藏的马铃薯块茎会因呼吸放热，堆内不易通风散热，使其内部温度高于表面温度，形成温度差，温暖湿润的空气向表面移动时，就会在块茎表面遇到低温，达到露点而结露。

在贮藏中，可通过维持稳定的低温、适当通风、控制堆放体积、覆盖表面等措施控制结露现象的发生。

任务三　成熟(衰老)生理

马铃薯产品采收后仍然在继续生长、发育，最后衰老、死亡，在这个过程中，耐贮性和抗病性不断下降。衰老是植物器官或整体生命的最后阶段，开始发生一系列不可逆的变化，最终导致细胞崩溃及整个器官死亡。马铃薯块茎最佳食用阶段以后的品质变劣或组织崩溃阶段称衰老。

一、乙烯对成熟(衰老)的影响

乙烯是马铃薯块茎成熟(衰老)的主要激素物质，乙烯含量增高，马铃薯衰老加快。其作用机理表现在以下三个方面：一是增加细胞内膜的透性。乙烯是脂溶性的，而细胞内的许多种膜由蛋白质与脂质构成，乙烯作用于膜的结果必然引起膜的透性增大，物质的外渗率增高，底物与酶的接触增多，呼吸加强，从而促进块茎成熟。二是促进酶活性的提高，促进块茎内部物质的转化。三是引起和促进 RNA 的合成，即它能在蛋白质合成系统的转录阶段起调节作用，从而导致特定蛋白质的产生。

二、影响乙烯合成的因素

1. 成熟度

成熟的马铃薯块茎不产生或产生极低的乙烯。

2. 伤害

马铃薯在贮藏前要严格去除有机械损伤和病虫害的块茎，这类产品不但呼吸旺盛，传染病虫害，还由于其产生乙烯，会刺激成熟度完好的块茎很快成熟(衰老)，缩短贮藏期。干旱、淹水、温度等因素以及运输中的振动都会使马铃薯块茎形成乙烯。

3. 贮藏温度

乙烯的合成是一个复杂的酶促反应，一定范围内的低温贮藏会大大降低乙烯合成。一般在 0℃左右乙烯生成很弱，随着温度的升高，乙烯合成加速，一般在 20～25℃最快。因此采用低温贮藏是控制乙烯产生的有效方式。

4. 贮藏气体条件

乙烯合成的最后一步需要 O_2，低 O_2浓度可抑制乙烯产生，提高环境中 CO_2的浓度能抑制乙烯的合成。CO_2被认为是乙烯作用的竞争性抑制剂。少量的乙烯，会诱导 ACC 合成酶活性，造成乙烯迅速合成，因此，贮藏中要及时排除已经生成的少量乙烯。

5. 化学物质

一些药物处理可抑制内源乙烯的生成。ACC 合成酶是一种以磷酸吡哆醛为辅基的酶，强烈受到磷酸吡哆醛酶类抑制剂 AVG 和 AOA 的抑制，Ag^+能阻止乙烯与酶结合。

三、马铃薯成熟(衰老)的控制

乙烯在促进马铃薯的成熟中起关键作用。无论是内源乙烯还是外施乙烯都能加速马铃薯的成熟(衰老)和降低耐藏性。为了延长马铃薯的寿命,使产品保持新鲜,控制内源乙烯的合成或清除贮藏环境中的乙烯气体,显得十分重要。

(一)合理控制马铃薯的采收

1. 控制适当的成熟度或采收期

同一品种的马铃薯,如果成熟度不同,在同一贮藏条件下,其贮藏性能存在明显差异。要根据贮藏运输期的长短来确定适当的采收期。一般应在成熟度较高时采收,使保护层发育完全。

2. 防止机械损伤

机械损伤可刺激乙烯的大量增加。乙烯可加速有关的生理代谢和贮藏物质的消耗以及呼吸热的释放,导致品质下降,促进马铃薯成熟(衰老)。此外,马铃薯受机械损伤后,在贮藏过程中易受真菌和细菌侵染,形成恶性循环。因此,在采收、分级、包装、装卸、运输和销售等环节中,必须做到轻拿轻放和良好的包装,以避免机械损伤。

3. 避免不同品种马铃薯的混放

应尽可能避免把不同种类或同一种类、不同成熟度的马铃薯混放在一起,否则,乙烯释放量较多的品种所释放的乙烯相当于外源乙烯,促进乙烯释放量较少品种的成熟,缩短贮藏保鲜的时间。

(二)创造适宜的贮藏环境

1. 温度的调节与控制

在马铃薯贮藏过程中,要尽量保持库温的稳定。温度波动会使产品新陈代谢加快,失水加重,不利于贮藏。采用稳定的低温贮藏是防止失水的重要措施。一方面,低温抑制代谢,对减少失水起一定作用;另一方面,低温下饱和湿度小,产品自身蒸发的水分能够明显增加环境的相对湿度,失水缓慢。但是,温度应不致使马铃薯发生冷害或冻害。

2. 湿度的调节与控制

增大环境的相对湿度,达到抑制水分的蒸发目的。特别是西北地区通风贮藏库贮藏,采用风机通风时,要注意增加湿度。

3. 气体成分的调节

在适宜的温度、湿度基础上,降低 O_2 浓度和提高 CO_2 浓度,可显著抑制乙烯产生极其作用,降低呼吸强度,延缓成熟(衰老)。

(三)化学药剂处理

1. 乙烯吸收剂的应用

当贮藏环境中存在较多乙烯气体时,可用分离的方法把乙烯从空气中除掉。乙烯吸收剂就能起到分离乙烯的作用。目前生产上广泛使用的是高锰酸钾法和高温催化法。高锰酸钾是强氧化剂,可以有效地使乙烯氧化而失去催熟作用。生产上是将饱和高锰酸钾溶液吸附在某种载体上脱除乙烯。也可采用高效脱乙烯装置——乙烯脱除器,它是根据高温催化的原理,当把气体加热至 250℃左右时,在催化剂的参与下乙烯分解成水和二氧化碳。

2. 乙烯抑制剂的应用

1-甲基环丙烯(1-MCP)是近年来研究较多的乙烯受体抑制剂,它对抑制乙烯的生成及其作用有良好的效果,可有效地延长马铃薯的保鲜期。

(四)转基因技术(生物技术)的应用

分子生物技术的不断发展也为乙烯合成的控制提供了新的途径,采用基因工程手段控制乙烯生成已取得了显著的效果,如导入反义 ACC 合成酶基因、导入反义 ACC 氧化酶基因等。

任务四　休眠生理

休眠是植物在生产发育过长中为度过严寒、酷暑、干旱等不良环境条件,为了保护自己的生活能力而出现器官暂时停滞生长的现象,它是植物在长期系统发育中形成的一种特性。

一、休眠的作用

休眠是植物生命周期中生长发育暂时停顿的阶段,此时新陈代谢降到最低水平,营养物质的消耗和水分蒸发都很少,一切生命活动进入相对静止状态,增强对不良环境条件的抵抗,对贮藏是十分有利的。应充分利用马铃薯的休眠特点,创造条件延长休眠期,从而延长马铃薯的贮藏寿命。马铃薯一旦脱离休眠而发芽时,器官内贮存的营养物质迅速转移,消耗于芽的生长,产品本身则萎缩干空,品质急剧恶化,最终不堪食用和加工。

二、休眠期间的生理生化变化

马铃薯的休眠有三个阶段。第一阶段是休眠诱导期(休眠前期),此期马铃薯刚采收,生命活动还很旺盛,处于休眠的准备阶段,体内的物质小分子向大分子转化。第二阶段是深休眠(生理休眠期),这个时期马铃薯的新陈代谢下降到最低水平,马铃薯外层保护组织完全形成,即使拥有适宜的环境条件,也不能停止休眠。第三阶段是休眠苏醒期(休眠后期),此期马铃薯由休眠向生长过度,体内大分子向小分子转化,可利用的营养物质增加,若外界条件适宜生长,可终止休眠;若外界条件不适宜生长,则可延长休眠。

酶与休眠有直接关系,休眠是激素作用的结果。RNA 在休眠期中没有合成,打破休眠后才有合成;赤霉素可以打破休眠,促进各种水解酶、呼吸酶的合成和活化;脱落酸可以抑制 mRNA 合成,促进休眠。休眠实际是脱落酸和赤霉素维持一定平衡的结果。

三、休眠的调控

目前生产上使用控制贮藏条件、辐照处理和化学药剂处理等办法来调节马铃薯的休眠期。

1. 控制贮藏条件

温度是控制休眠的主要因素,降低贮藏温度是延长休眠期最安全、最有效、应用最广泛的一种措施。马铃薯的最佳贮藏温度为 3～5℃。

2. 进行辐照处理

用 ^{60}Co 发生的 γ 射线进行辐照处理可以抑制马铃薯发芽。辐照处理抑制发芽的效果关键是掌握好辐照的时间和剂量。辐照一般在休眠中期进行,辐照的剂量因品种而异。

3. 进行化学药剂处理

抑制剂 CIPC(氯苯胺灵)对防止马铃薯发芽有效。从块茎伤口愈合后(收获后 2～3 周)

到萌芽之前的任何时候都可使用 CIPC。CIPC 的剂型有两种：一种是粉剂，为淡黄色粉末，无味，含有效成分 0.7%或 2.5%。另一种是气雾剂，为半透明的液态，稍微加热后即挥发为气雾，含有效成分 49.65%。如用 0.7%的粉剂，药粉和块茎的重量比是(1.4～1.5)∶1 000，即用 1.4～1.5kg 药粉，可处理 1t 块茎。应分层喷撒在马铃薯上，密闭24～48h。采收后的马铃薯用 30mg/kg 萘乙酸甲酯拌撒，也可抑制萌芽。

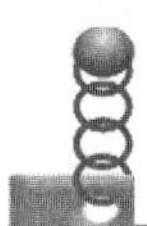

思考与练习

1. 简述有氧呼吸、无氧呼吸与马铃薯产品贮藏的关系。
2. 影响呼吸强度的因素有哪些？如何利用这一原理延长马铃薯产品的贮藏寿命？
3. 如何延缓马铃薯的衰老？
4. 什么是休眠？怎样控制和利用休眠？

项目四　马铃薯产品的商品化处理和运输

知识目标

1. 理解马铃薯产品适期采收的重要性和贮运中的要求。
2. 掌握马铃薯商品化处理的目的、方法和要求。

技能目标

1. 掌握马铃薯采收的不同方法。
2. 学会对马铃薯进行采后的商品化处理。

任务一　马铃薯产品的采收

采收是马铃薯产品生产的最后一个环节，也是商品化处理和贮藏加工的最初一环。采收成熟度和采收方法在很大程度上影响马铃薯的品质及其贮运性能。

一、采收前的管理

（一）选择耐贮性强的品种

不同品种马铃薯的休眠期和耐贮性不同，应选择耐贮性强的品种进行贮藏。

（二）搞好田间管理，提高块茎的耐贮能力

块茎入库质量的高低关系到马铃薯能否贮藏成功，而块茎耐贮能力的强弱又对入窖质量有着直接的影响。块茎的耐贮能力与种植管理有着密不可分的关系，要保证贮藏质量，首先要从田间管理抓起。

1. 搞好田间病害防治

入库块茎的病斑及烂薯块是贮藏的最大隐患，而病薯和烂薯都来自田间。所以生长季节田间防病是减少块茎病斑和烂薯的有效方法，也是贮藏成功的关键之一。据国外资料介绍，在新薯长到手指头大小时，在田间喷一次瑞毒霉锰锌，两周后再喷一次，对防止块茎烂库的效果非常好。

2. 不要过量施用氮肥

近年来，一些农民乐于在马铃薯田里多施氮肥，而且用量越来越大，结果是茎叶疯长倒伏，影响光合作用，虽然薯块膨大快，但由于干物质积累少，不耐贮藏。为解决这个问题，应大力推广施用氮、磷、钾配比复合肥料或马铃薯专用化肥，使茎叶生长与块茎生长相协调，增加干物质积累，增强耐贮能力。

一般采用优质脱毒种薯播种，灌溉条件下实行高垄栽培，加强田间管理，合理施肥，增施

磷钾肥，收获前15～20d控制土壤水分，及时防治马铃薯病虫害，促进马铃薯提前成熟，都可保证入窖块茎的质量，提高块茎的耐贮能力。

二、采收时机

采收期的确定对马铃薯贮藏质量的影响很大。采收过早，薯块成熟度不够，干物质积累少，既影响产量，又降低耐贮性；相反，采收过晚，增加病虫害侵染危害的机会，且易受冻害，同样也会降低耐贮性。

一般情况下，在马铃薯达到生理成熟后开始收获马铃薯，因为这时马铃薯的产量最高，产品耐贮性强。在马铃薯块茎膨大期，每天每亩会增加40～50kg。同时，应根据马铃薯本身的成熟特征，以及早熟、中熟和晚熟不同品种，兼顾市场规律，选择适宜的收获时间。实际上有的时候不一定按生理成熟期收获，还有可能因品种情况和市场状况早收。如早熟品种，其生理成熟期需80d(出苗后)，但在60d内块茎已达到上市要求，即可根据市场需要进行早收。另外，秋末早霜后，虽未达生理成熟期，但因霜后叶枯茎干，不得不收；有的地势较低，雨季来临时为了避免涝灾，必须提前早收；还有的因轮作安排下茬作物播种，也需早收。但在秋雨少、霜冻晚、土壤疏松的地方，可以适当晚收获。

(一)淀粉含量

淀粉可作为衡量马铃薯成熟的标志。马铃薯在淀粉含量高时采收，耐藏性好。

(二)成熟期的特征

(1)叶色由绿逐渐变黄转枯，地上部分变黄、枯萎和倒伏时，茎叶中的养分基本停止向块茎输送，最耐贮藏。

(2)块茎脐部与着生的匍匐茎容易脱离，不需用力拉即可与匍匐茎分开。

(3)块茎表皮韧性较大，皮层较厚，色泽正常。

三、采收方法与注意事项

当马铃薯植株仍在生长时，收获的马铃薯表现为幼嫩，块茎表皮容易分离掉皮，薯块容易受到损伤。一般情况下，轻微损伤可以通过块茎本身的愈伤组织功能，使受伤的表皮木栓化，但薯块会出现不同于表皮颜色的斑块，影响薯块的美观，而且此时的薯块韧性差，容易受到机械损伤，在运输和贮藏过程中，病菌容易从伤口侵入，一旦温湿度适宜，则会引起病害发生，并迅速扩展。因此，在马铃薯产量达到最高或已达到生产目的时，可以采取机械或化学方法对植株进行杀死处理，也就是进行杀秧。

(一)提前杀秧

收获前3～5d割秧，并将秧蔓运出田外，一方面可以使地面暴露于阳光下晾晒，促使块茎薯皮老化，木栓层加厚，减轻收获搬运过程中的破皮受伤，减轻病菌侵染；另一方面避免因植株感病，植株上的病菌孢子在收获过程中进一步侵染块茎。杀秧的方法有下列几种。

1. 碾压处理

在收获前7～10d，用机引或牲畜牵引木棍将马铃薯植株压倒在地，促使其停止生长，使植株中的养分转入块茎，并使薯皮加快木栓化。

2. 割除处理

用镰刀将马铃薯地上植株割除。一般有晚疫病害的地块，割秧应运出田间，避免阴雨连绵，晚疫病侵染薯块，同时在2周后采挖薯块。晚疫病严重的地块，植株中下部叶子变黑，要立即割秧并运出田间，减少病菌落地。落地的病菌也可以通过阳光暴晒杀死，最大限度减少薯块的感病率。有时较早发生晚疫病流行，在很难防治的情况下，可根据天气预报进行早杀秧，虽然对产量有一定影响，但减少了块茎感病率和腐烂率，起到了稳产、保值的作用。

3. 化学方法

利用安全化学药剂可将还在生长的马铃薯植株杀灭。如一般除草剂克无踪2 000～3 000mL/ha、敌草快900～1 200mL/ha杀秧就能将马铃薯植株杀死，达到很好的杀秧效果。

4. 适当晚收

当薯秧被霜害杀死后，不要立即收获，根据天气状况，适当延长7～10d，确保薯皮木栓化后再收获。一般情况下，收获前1～2周将植株杀死，就能促使马铃薯块茎表面木栓化和块茎老化，增加韧性和弹性，显著减少收获、运输和贮藏中的机械损伤。对于种薯生产，可在马铃薯植株尚未枯黄时机械割秧，使块茎留在土内7～10d，促进其表皮组织木栓化，减少薯皮损伤和病菌的感染。

（二）采收方法

收获时要选择晴天，避免在雨天收获，以免拖泥带水，既不便收获、运输，又容易因薯皮擦伤而导致病菌入侵，发生腐烂或影响贮藏。

1. 人工采收

人工采收可减少机械损伤，但效率低。

2. 机械采收

机械采收效率高，可节省很多劳动力，但易损伤。

（三）采收的注意事项

马铃薯的收获一般包括除秧、采挖、选薯包装、运输、预贮、贮藏等过程。马铃薯收获方法因种植规模、机械利用水平、土壤状况和经济条件的不同而不同。无论是人工还是机械收获，均应注意以下事项：

(1)选择晴朗的天气和土壤干爽时进行收获，在收获的各个环节，最大限度地减少块茎的破损率。

(2)收获要彻底、干净，避免大量薯块遗留在土壤中。机械或畜力收获应复收复捡。

(3)不同品种和用途的马铃薯要分别收获，分别运输，单贮单放，严防混杂。

(4)食用马铃薯和加工用原料薯，在收获后及运输等过程中应注意避免长期光照，使薯皮变绿，品质变劣，影响食用性和商品性。同时，在收获、运输和预贮过程中要注意避雨。

(5)收获后将薯块就地晾晒2～4h，散发部分水分，使薯皮干燥，以便降低贮藏中的发病率。

(6)薯块在收获、运输和贮藏过程中，要尽量减少转运次数，避免机械损伤，以减少块茎损耗和病菌侵入。

任务二　马铃薯产品的商品化处理

一、整理与挑选

刚出土的马铃薯块茎，外皮细嫩，可在田间就地晾晒，散发部分水分，待表皮干燥后收装，以利于贮藏运输。一般晾晒4h，就能明显降低贮藏发病率。夏季收获马铃薯，正值高温季节，要缩短晾晒时间，晾晒时间过长，薯块将失去水分，萎缩，甚至发生热伤，不利于贮藏。收装时必须把病薯、烂薯、破薯、畸形薯挑选出来，并去掉泥土、石块、杂草、秧子等杂质。整理的标准是"一干六无"，即薯皮干燥、无病块、无腐烂、无伤口、无泥土、无杂草、无受冻。种薯还要无畸形无非本品种。

二、预贮

马铃薯入库前应有一个预贮期，以加速薯皮木栓层的形成，提高薯块的耐贮性和抗病菌能力，并减少其原有的田间块茎热和呼吸热，还可使伤口充分愈合，使感病薯块症状明显，便于除去。

具体方法：将新收获的块茎先放进阴凉通风的室内、库内或荫棚下，保持10～15℃及85%～90%的空气相对湿度，让薯块迅速散发田间热量和蒸发过多的水分，促使伤口愈合。薯堆一般不高于0.5m，宽不超过2m，在堆中适量设置通风管道，以便于通风降温，并用草帘遮光。预贮期要经常检查，剔除病烂薯块，检查时要轻拿轻放，避免人为损伤。一般经过1～2周后，马铃薯变得老化、干爽，表皮细胞木栓化，愈伤组织形成，马铃薯商品化处理后可入库贮藏。

贮藏的马铃薯应严格挑选，剔除有病变、损伤、虫咬、雨淋、开豁、受冻、过小、表皮有麻斑的块茎。

三、分级

分级是按照一定的品质标准和大小规格将马铃薯分为若干个等级的措施，是使产品标准化和商品化的必不可少的步骤。分级的意义在于使产品在品质、色泽、大小、成熟度、清洁度等方面基本达到一致，便于运输和贮藏中的管理，有利于减少损失。等级标准能给生产者、收购者和流通渠道中的各环节提供贸易语言，为优质优价提供依据，有利于引导市场价格及提供市场信息。在挑选和分级过程中还可剔除残次品，及时加工处理，减少浪费，降低成本。

（一）分级标准

马铃薯的分级主要是根据品质和大小来进行的。品质等级一般是根据产品的形状、色泽、损伤程度及有无病虫害状况等分为特等、一等和二等。大小等级则是根据产品的重量、直径、长度等分为特大、大、中和小（常用英文代号XL、L、M和S表示）。特等品应该具有该品种特有的形状和色泽，不存在影响质地和风味的内部缺点，大小一致，产品在包装内排列整齐，在数量和重量上允许有5%的误差。一等品与特等品有同样的品质，允许在色泽上、形状上稍有缺点，外表稍有斑点，但不影响外观和品质，产品不一定要整齐地排列在包装箱内，在数量和质量上允许10%的误差。二等品可以有某些内部和外部缺点，但仍可销售。

（二）分级方法及设施

1. 人工分级

人工分级的效率较低，误差也较大，但机械损伤较少。

2. 机械分级

机械分级常与挑选、洗涤、干燥和装箱一起进行。由于产品的形状、大小和质地差异很大，难以实现全部过程的自动化，一般采用人工与机械结合进行分选。目前应用较多的是形状（大小）和重量分级机。

(1)形状分级装置按照产品的形状（大小、长度等）分级，有机械式和电光式等类型。机械式分级装置的工作原理：当产品通过由小逐级变大的缝隙或筛孔时，小的先分选出来，大的后出来。电光式分级装置有多种，有的是利用产品通过光电系统时的遮光，测量其外径和大小；有的是利用摄像机拍摄，经计算机进行图像处理，求出产品的面积、直径、弯曲度和高度等。电光式分级装置的最大优点是不损伤产品。

(2)重量分级装置根据产品的重量进行分级，即用被选产品的重量与预先设定的重量进行比较分级。重量分级装置有机械秤式和电子秤式。机械秤式是将果实单个放进固定在传送带上可回转的托盘里，当其移动接触到不同重量等级分口处的固定秤时，如果秤上果实的重量达到固定秤设定的重量，托盘翻转，果实即落下，这种方式适用于球形产品，缺点是产品容易损伤。电子秤式分级的精度较高，一台电子秤可分出各重量等级的产品，使装置简化。马铃薯多用重量分级装置。

四、预冷

预冷是将采收的马铃薯产品在运输、贮藏或加工以前迅速除去田间热和呼吸热的过程。预冷是必不可少的，因为马铃薯采收后携带大量的田间热，尤其是在高温季节。此外，马铃薯采后的呼吸作用也会释放许多呼吸热，使环境温度升高，而且温度越高，呼吸作用越旺盛，释放的热量也越多。加上采收过程中的机械损伤和病虫害感染，也会刺激呼吸加快，呼吸强度越高，有机物质分解得越快，采后寿命越短。因此，如果马铃薯产品采收后堆积在一起，不进行预冷，便会很快发热、失水萎蔫、腐烂变质。

预冷是给马铃薯产品创造良好温度环境的第一步。为了保持马铃薯产品的品质和延长贮藏期，从采收到预冷的时间间隔越短越好，最好是在产地立即进行。

预冷的方式有许多种，概括起来可分为两类，即自然降温冷却和人工降温冷却。

（一）自然降温冷却

自然降温冷却是一种最简单易行的预冷方式，它是将采收后的马铃薯产品放在阴凉通风的地方，散去产品所带的田间热。用这种方法使产品降温所需要的时间较长，而且难以达到产品所需要的预冷温度，但是在没有更好的预冷条件时，自然降温冷也是一种可以应用的预冷方法。

（二）人工降温冷却

1. 冷库风冷却

冷库风冷却是一种简单的人工预冷方法，就是把采后的产品放在冷库中降温，当冷库有足够的制冷量，空气的流速为1～2m/s时，冷却的效果最好。要注意堆码的垛间和包装箱间都应该留有适当的空隙，保证冷空气流通。这种方式的优点是产品预冷后可以不必搬运，原库贮藏。如果冷却的效果不佳，也可以在冷库旁边建立专门的、有强力风扇的预冷间，每天或每隔一天进出一次货物，冷却的时间为18～24h。

2. 强制通风冷却

强制通风冷却是在包装箱或垛的两个侧面造成空气压差而进行的冷却。其方法是在产品垛靠近冷却器的一侧竖立一块隔板，隔板下部安装一部风扇，产品堆垛的上部加覆盖物，覆盖物的一边与隔板密封，使冷空气不能从产品垛的上方通过，只能水平方向穿过垛间、箱间缝隙和包装箱上的通风孔。当风扇转动时，隔板内外形成压力差，当压力不同的冷空气经过货堆和包装箱时，将产品散发的热量带走。强制通风冷却的效果较好，冷却所需要的时间只有普通冷库风冷却的1/5～1/2。

五、包装

（一）包装的作用

包装是马铃薯标准化、商品化，保证安全运输和贮藏的重要措施。合理的包装能使马铃薯在贮运中保持良好的状态，减少因相互摩擦、碰撞、挤压而造成的机械损伤，可以缓冲过高和过低环境温度对产品的不良影响，防止产品受到尘土和微生物的污染，减少病虫害的蔓延和产品失水萎蔫，使产品在流通中保持良好的稳定性，提高商品率。

（二）包装的容器

包装容器主要有纸箱、木箱，也可以使用麻袋、编织袋、网眼袋等包装。包装的规格大小和容量可因品种不同、马铃薯用途不同而异，同时要考虑便于携带、堆码、搬运及机械化、托盘化操作。

（三）包装方法与要求

马铃薯应在冷凉的环境中进行包装，避免风吹、日晒和雨淋。包装量要适度，装得过满和过少都会使产品受伤。销售包装上应标明重量、品名、日期；小包装销售应具有保鲜、美观、便于携带等特点。

六、其他采后处理

（一）抑芽

植物生长调节剂青鲜素（NH）可以抑制马铃薯的发芽。

抑制剂CIPC对防止马铃薯发芽有效。将CIPC粉剂分层喷在马铃薯上，密闭24～48h，用量为1.4g/kg（薯块）。采收后的马铃薯用30mg/kg萘乙酸甲酯拌撒，可抑制萌芽。

用^{60}Co发生的γ射线辐照处理可以抑制马铃薯发芽。辐照处理抑制发芽的关键是掌握好辐照的时间和剂量。辐照一般在休眠中期进行，辐照的剂量因品种而异。

（二）愈伤

愈伤是指采后给马铃薯提供高温、高湿和良好通风的条件，使其轻微伤口愈合的过程。马铃薯在采收的过程中常常会造成一些机械损伤，容易引起腐烂。马铃薯愈伤的最适宜条件为温度21～27℃，相对湿度90%～95%。

任务三 马铃薯产品的商品化运输

运输是动态贮藏，运输过程中产品的振动程度，环境中的温度、湿度和空气成分都对运输效果产生重要影响。

一、运输要求

（一）快装快运

马铃薯采后仍然是一个活的有机体，新陈代谢旺盛，不断消耗体内的营养物质并散发热量，导致品质下降。所以运输中的各个环节一定要快，使马铃薯迅速到达目的地，最大限度地保持马铃薯的新鲜品质。

（二）轻装轻卸

马铃薯块茎含水分较高（63%～89%），很容易受到机械损伤，从生产到销售要经过集聚和分配，一定要轻装轻卸。

（三）防热防冻

马铃薯有其适宜的温度要求和受冻的临界线。温度过高，呼吸强度增高，产品衰老加快；温度过低，产品容易产生冷害和冻害，所以运输中应注意防热防冻。

二、运输方式和工具

（一）公路运输

公路运输是我国最重要和最普通的短途运输方式。汽车运输虽有成本高、载运量小、耗能大等不利方面，但其灵活性强、投资少、速度较快，适应地区广，主要工具有大小货车、汽车等。随着高速公路的发展，高速冷藏集装箱运输将成为今后公路运输的主流。

（二）水路运输

水路运输的载运量大、成本低、耗能少，其中海运是最便宜的运输方式。但水路运输受自然条件限制大，运输的连续性差、速度慢。它适于承担运量大、远距长运的货物。

（三）铁路运输

铁路运输具有载运量大、运价低、送达速度快、连续性强等优越性，运输成本略高于水路运输，适合于中长途运输，缺点是机动性差。

三、运输的注意事项

运输工具要彻底消毒，快装快运，堆码稳当，注意通风，避免挤压。敞篷车船运输，马铃薯堆上应覆盖防水布，最好使用冷链系统，最大限度地保持马铃薯的品质。

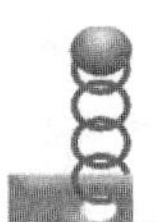

思考与练习

1. 马铃薯产品的采后商品化处理有哪些内容？为什么要进行商品化处理？

2. 马铃薯产品为什么要分等分级？有哪些分级标准？

3. 包装有什么作用？在包装产品时要注意哪些问题？

4. 什么是预冷？马铃薯采后为什么要进行预冷？常用的预冷方法有哪些？
5. 什么是愈伤？马铃薯采后为什么要进行愈伤？
6. 马铃薯运输中需要注意哪些问题？具体可采用哪些运输方式？

项目五　马铃薯的贮藏方式

知识目标

1. 了解马铃薯不同贮藏方式的原理及特点。
2. 掌握马铃薯不同贮藏方式的管理要点。

技能目标

掌握马铃薯窖藏、机械冷藏、气调贮藏的管理要点。

马铃薯块茎的贮藏方法都是利用综合的措施使马铃薯的呼吸、后熟和衰老过程延缓并防止微生物侵染,从而达到长期贮藏的目的。随着科学技术的发展,新的贮藏方法不断出现并成功地用于生产之中。

任务一　简易贮藏

简易贮藏包括沟藏、窖藏和堆藏等基本形式。简易贮藏设施的特点是:结构简单,费用较低,可因地制宜进行建造。简易贮藏是利用自然低温来维持和调节贮藏适宜温度的贮藏方法,在使用上受到一定程度的限制。在我国,因各地气候条件不同,马铃薯的播种与收获季节不一,各地都有一些适宜于本地区气候特点的典型贮藏方法。

一、贮藏场所的形式和结构

(一)沟藏(埋藏)

沟藏是指从地面挖一深入土中的沟,其大小和深浅主要根据当地的地形条件、气候条件、贮藏量而定,将马铃薯堆积其中,再用土或秸秆等覆盖,覆盖厚度随气温变化而增减,以保持贮藏产品适宜的贮藏温度。沟藏的保湿保温性能较好,我国北方各地应用较多。如辽宁旅大地区,7 月收获马铃薯,预贮在空房或荫棚下,直至 10 月下旬沟藏。贮藏沟深 1～1.2m、宽 1～1.5m,长度不限。薯块堆至距地面 0.2m,上面覆土保温,以后随气温下降,分期覆土,覆土厚度为 0.8m 左右。薯块不可堆得太高,否则沟底及中部温度会偏高,很容易腐烂。贮藏沟的深度从南方到北方逐渐加大,保证薯块适宜的贮藏温度,以防低温造成冻害,如内蒙古乌兰察布市后旗地区的沟藏深度在 3m 以上。

(二)窖藏

窖藏略与沟藏相似,其优点是可以自由进出和检查贮藏情况,便于调节温湿度,贮藏效果较好。窖藏在我国各地有多种形式。

1. 北方一作区的贮藏窖形式与结构

北方广大农村使用的马铃薯贮藏窖多为地下式棚窖，还有屋脊式的地下或半地下式的半永久性贮藏窖，在城市郊区菜队以及机关单位使用的则多为拱形地下式永久性砖窖。在土壤结构紧密的地区，还有井窖和窑洞窖，有条件的村镇和农户也建造了永久性砖窖。

(1)棚窖。多选择地势高，背风向阳，地下水位低而土质坚实的地方挖窖。窖深 3m，窖宽 2～3m，长度随贮藏量多少而定，窖坑上架以窖木，在窖木上面铺上高粱秸或玉米秸，再覆上 45～50cm 厚的窖土，窖顶棚处留一个窖口，窖口大小一般为 70cm×70cm。窖口既是作业的出入口，也是通风换气、调节温湿度的气眼(图 5-1)。

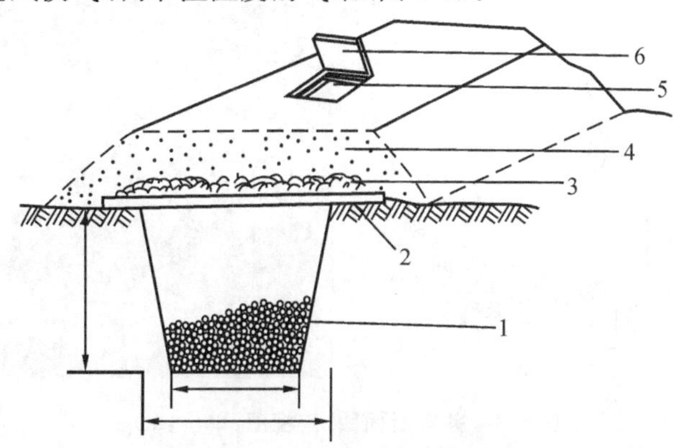

图 5-1　棚窖断面与地上部覆盖情况示意图

1—薯堆；2—窖木；3—高粱秸；4—覆土；5—窖门；6—窖盖

(2)屋脊式半永久性贮藏窖。此类窖有地下和半地下之分。地下式窖整体的深度为 3m 左右；半地下式窖的深度为 2.0～2.5m，地上 1m，宽度为 5～8m，长度在 30m 以上，属于大型或中型贮藏窖。图 5-2 为地下屋脊式半永久性棚窖，窖深 3m，宽 8m，长 34m，在窖中央立两排木柱作为柱脚，上边有起脊的梁架，顶部用蒿草、木屑以及其他保暖物覆盖，其厚度为 60cm，遇严寒时上面再盖草。窖壁高 2.5m，窖内中央设 1m 宽通道，用荆条编织成隔墙，便于人行和通风，在顶棚上每隔 2～4m 设两排通气管，通气管下端通入薯堆底部，上端露出棚顶 0.5m，通气管的顶端上口设有闸门，可以随意开关调节通气和防寒。与通气管下端底口相连处设有纵的通气道一条，上用木板条覆盖，其空隙以不掉入块茎为限。此类窖适用于商品薯和饲用薯的大量贮藏。

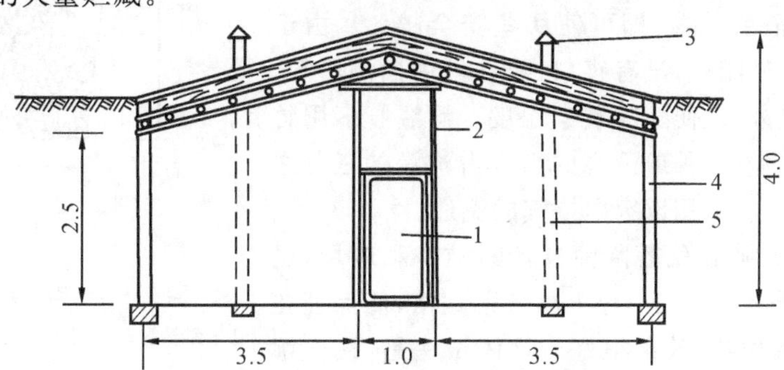

图 5-2　屋脊式棚窖断面示意图(单位：m)

1—门；2—木柱；3—闸门；4—砖墙；5—通气管

(3)井窖(图 5-3)。在土壤坚实地区,选择地势高,地下水位低而排水良好的地方,向下挖直筒式坑,井口直径为 70cm,井下部直径为 100cm,深度为 3～4m,筒的两侧墙壁上每隔一定距离挖出一个能插进脚深的小洞,作为出入的阶梯。然后在洞底横向挖成窖洞,窖洞的高度为 1.8～2.0m,宽为 70～100cm,其长度可根据贮藏量而定,一般为 3～4m。洞顶为拱式半圆形,窖底向下呈坡形,坡度为 1m 长向下斜 10cm。这种井窖适于贮藏供夏秋播的种薯。在北方供夏播用的种薯要贮藏到 6 月中旬至 7 月上旬,贮藏期长达 8～9 个月。

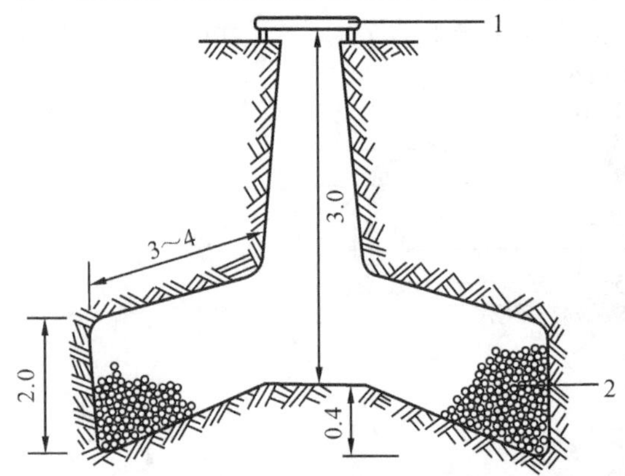

图 5-3　井窖断面图、俯视图(单位:m)

1—窖盖;2—薯块

(4)窑洞窖。多在土壤坚硬的山坡或土丘旁开门向内挖建,将山丘里挖成窑洞状,窑洞高度为 2.5～3.0m,顶部挖成拱式半圆形,长度按所需贮藏量而定,一般多为 8～10m,宽度一般为 5m。5m 宽、10m 长的窑洞可贮藏马铃薯块茎 40t 左右。这种窑洞式贮藏窖多用砖砌门,一般砌成两道门,通风换气靠打开门扇进行。

(5)土沟埋藏窖(图 5-4)。随着夏播留种技术的推广和应用,土沟埋藏窖在土壤坚实性不强的黑土地区已被广泛应用。如黑龙江省绥化市郊区采用的土沟埋藏窖,其深度为 2.5m,上口宽为 1.2～1.5m,下口宽为 0.7～1m,长度不限,依贮藏量而定。沟上覆盖 20cm 厚的高粱秸或柳条,再覆盖 30cm 的一层蒿杆,最上部覆盖 50cm 厚的炉灰渣或土壤,即可使块茎安全越冬。由于这种贮藏方式为密闭式,没有窖口,要在堆中插测温管,上部一端埋于土外,以便随时观察温度。测温管多用竹管或木制小方筒做成,种薯下窖的高度占沟深的三分之二,留下三分之一空隙用以窖内空气的流通。

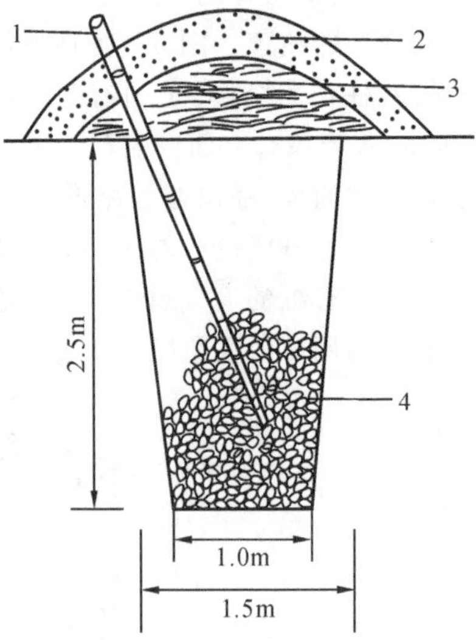

图 5-4　土沟埋藏窖断面图

1—测温管;2—泥土;3—高粱秸;4—薯块

(6)土冰窖。随着秋播留种技术的推广和应用,辽宁省旅大市的群众创造了一种土冰窖贮藏法,能保证在低温条件下贮藏种薯,效果很好。具体做法是:在土壤结冻前挖好土坑,深度以 1.7m 左右为宜,长宽可根据贮藏量而定。一般宽为 2.7～3.5m,长为 4.0～5.0m,内里放 4 口大缸,可贮种薯 350～400kg。在 1 月份大寒前后打冰装窖,先用冰块把窖底铺好,厚度为33～50cm,冰上铺一层垫板,然后把缸放在垫板上并排立好,四周用冰块塞紧。用木板盖好缸口，木板上覆以塑料布，上面再放一层冰块，用稻草或炉灰渣等物覆盖 66～100cm 厚即可备用。窖应选择建于地下水位较低的黏土地，以免上水和塌窖。所用冰块尽量打成方正大块，便于装窖，保持低温的效果也好。

4 月 5 日(清明节)前后开窖贮藏种薯，要将缸内底部垫上小木板，以免缸内底部存水浸泡种薯。将选好的种薯放入缸内，缸口用木板(最好是废铁锅类)加塑料布严密盖好，上面仍覆好冰块和炉渣、稻草等。为了掌握窖中温度，最好在贮藏种薯的同时埋入一个竹筒或铁管，在其中用绳子吊装一支温度计以利于随时检测窖缸内的温度。窖缸中的温度以保持 1～5℃为宜。如果发现温度升高，可在窖顶加覆稻草等阻止温度上升。最好是在窖顶搭上凉棚，避免日照增温和防雨。7 月中旬即可出窖，出窖前 5～6d 逐渐撤除缸上覆盖物，使缸内温度逐渐接近气温，以免突然出窖，温度骤变，引起块茎受伤。块茎出窖后放在荫凉地方困种7～10d，到 7 月中下旬即可切块播种。近几年，土冰窖又有所改进，即将窖内的缸改成水泥槽，固定在窖内，可多年使用，效果很好。

2. 中原、南方二作区的贮藏窖形式与结构

在我国中原二作区和南方二作区，由于气候温暖或炎热，一年可栽培两季马铃薯，即中原为春秋两季作，南方为秋(晚秋)冬或冬春两作栽培。除供应隔季生产的种薯要求贮藏期较长以外，一般比北方一作区的马铃薯贮藏期为短，但对贮藏技术的要求则比较严格。南方和中原二作区结合当地自然气候条件，创造了适于当地特点的贮藏方式。

(1)冬季室外地下贮藏窖。在室外选择地势高、排水良好的地方，在避风向阳处挖成深度为 60～70cm，宽度为 80～100cm 的土坑，长度随贮藏量而定。薯块入窖前每隔 100cm 远安放一个通气筒，以便通风透气。通气筒可用高粱秸、竹子或荆条等编制而成。气筒上部要高出地面 40～60cm。入窖初期一般不封土，暂用草帘子等物覆盖，以利于块茎散失水分，促进后熟进入休眠。随着天气变冷，去掉草帘，逐渐加厚覆土达 35cm 左右，窖的顶部封成龟背形，窖的四周要设排水沟，防止雨水侵入窖内。到严冬时将通气筒用稻草封闭、堵塞，防止雨雪从筒孔侵入窖内。

(2)夏季室外地下贮藏窖。这种窖要选择地势高、排水良好、有浓密树荫遮凉的地点。窖的深度一般为 66cm，宽度为 100cm，长度为 2.7～3.0m，每窖可贮藏马铃薯块茎 1 000～1 500kg。如果贮藏量较多，窖的长度可适当延长，但贮藏量以每窖不超过 2 000kg 为宜。在窖的四周距窖口 30～50cm 远挖一排水沟或做成斜坡，以利于排水，防止雨水入侵造成烂窖。放入马铃薯块茎后，薯堆上面覆盖一层 50～70cm 厚的沙土，使之成为屋脊形或漫圆形，然后拍紧。在沙土上用稻草或麦秆覆成屋脊状或搭成脊式棚以防日晒和雨淋。这种窖的特点是：容量大，占地小，但只适于夏季 1～2 个月间的短期贮藏。

(3)室外地上窖。这是一种适于农户贮藏量不大的小型贮藏窖。在室外房屋的山墙旁边，选择地势高并有大树浓密遮阴处，用木椿、高粱秸等搭成贮藏窖棚，用木板或土坯做成窖壁。在马铃薯块茎未入窖以前，要在窖内地面上垫上 17～20cm 厚的细砂，然后堆放马铃薯。堆好后的薯堆上面再覆上 17～20cm 的砂土，然后拍紧。这种薯块贮藏棚窖一般为 66cm 高，66cm 宽，长度为 2m 左右，贮藏量较小，一般为 1 000kg 左右。它适于南方地下水位较高的地区应用。其优点是：适合农户少量贮藏，因借用一面房屋山墙搭成，可节省物料。在管理中应注意贮藏过程中地下不得上水，顶棚不得漏雨，要严防被曝日灼伤。室外地上窖的形式如图 5-5 所示。

图 5-5　室外地上窖

(4)室内地上窖。室内地上窖亦称室内贮薯池,这种贮藏方式通常在夏季使用,要求房子内通风阴凉,在室内墙角用砖或土坯砌成池子,砌时要交叉留出孔隙以便通气。砌贮藏池多利用室内墙角的两侧墙壁,以节约砖坯用量。一般贮池高度为 70～90cm,宽度为 100～120cm,长度随屋内面积大小和贮藏量而定。贮藏时薯堆下垫砂 7～10cm,薯堆上层覆盖砂 10～14cm,薯堆的高度一般为 66cm 左右。其适于少量贮藏,一般每池贮藏量为 2 000～2 500kg。贮藏期间的管理应注意薯堆温度和防止鼠害。

3. 中原、南方二作区的大仓式堆积贮藏库(图 5-6)

这种贮藏库是适于中原地区大量贮藏马铃薯块茎的一种方式。夏季或冬季均采用地上散堆贮藏,特别是夏季使用这种贮存方式比较方便,便于通风散热和翻堆检查。一般薯堆高度为 33cm 左右,宽度为 3～3.5m,长度随贮藏数量而定。堆与堆之间保留 80～100cm 的距离,以便行人检查堆温等变化情况和进行翻倒作业。堆放前在地面垫一层 7～8cm 厚的干净而湿润的细砂土,以保持马铃薯块茎的新鲜度。在仓库管理工作中要按不同季节的特点注意掌握温度变化。冬季贮藏多在 11 月份入库,入库后 3～4d 马铃薯块茎开始发汗,25d 左右便进入出汗高峰。在管理中,应根据发汗情况和温度的变化,随时开闭门窗和通气筒,调节仓内的温湿度。夏季贮藏,应趁早晚气温凉爽时间打开门窗和通气筒进行通风换气,降温排湿,并要注意防晒。

4. 中原二作区的室内或室外的薯囤贮藏(图 5-7)

薯囤贮藏是中原二作区较普遍采用的贮藏形式之一,适合于夏收马铃薯 3～4 个月贮藏期的应用。一般每囤可贮藏 5 000～6 000kg 马铃薯,贮藏后不用翻倒,可安全度夏。薯囤既可设置于通风良好且防雨的敞篷内或大仓内;又可置于地势高、有树荫的室外。设室外者,其顶部要有防雨设施。贮藏囤所用物料为旧席片、枕木(或方砖)、木棍(或竹竿)、通气筒(多用荆条编成)等。用枕木或方砖垫囤底,高于地面 25cm 左右,以便囤底进入空气。然后将木棍或竹竿成栅栏状平铺于枕木上,再在其上用粗席茓围成圆囤,边堆放马铃薯边往上茓。囤身直径一般为 2.5～2.8m,囤高一般为 2m 左右。在装入马铃薯时均匀地插立 6 只通气筒,使之充分通风透气,达到安全贮藏的目的。

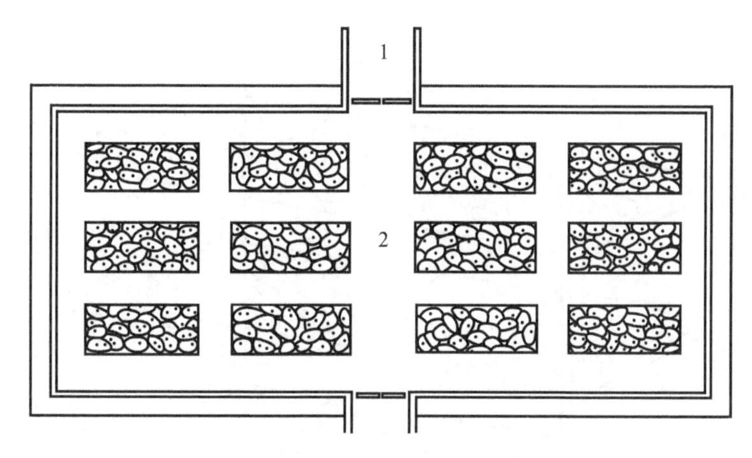

图 5-6　大仓贮藏方法平面示意图

1—仓库门；2—马铃薯散堆

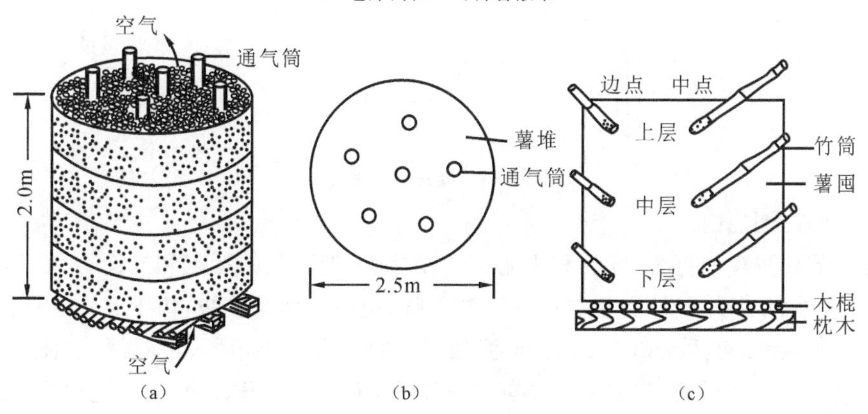

图 5-7　马铃薯囤式贮藏

(a)圆形马铃薯贮藏囤；(b)马铃薯囤式通气管分布平面图；(c)测温管分布面

5. 中原、南方二作区的架藏(图 5-8)

作为中原和南方二作区种薯贮藏的一种方式，架藏的效果很好，能控制病害蔓延，增产效果明显。室内外均可架藏，但多见于室内散光条件下的架藏。室外架藏必须设有遮阴蓬，防止阳光直射和淋雨。架藏时设置的架层间距离一般为 45～50cm，每层架宽为 1.0～1.2m，便于翻动操作，层数多少和架层长短视室内条件而定，一般每层架上摆块茎 1～2层。

总之，中国各地马铃薯的贮藏方式是多种多样的，各地可因地制宜选用。

二、简易贮藏的影响因素

(一)气温和土温的影响

不论采用哪种简易贮藏方式，在温度管理上，都同时有降温和保温两个方面的要求。当贮藏场所内温度过高时，须设法使之迅速降低；当外界温度过低时，又须设法保持贮藏场所内的温度不过度下降。简易贮藏属于自然降温的贮藏方式，当然受气温变化的影响极大。简易贮藏的产品都堆积在地面或深入地下，所以又受到土壤温度的极大影响。因此，必须了解气温和土温的变化特点，以及对贮藏场所的影响，才能管理好简易贮藏场所的温度，使之

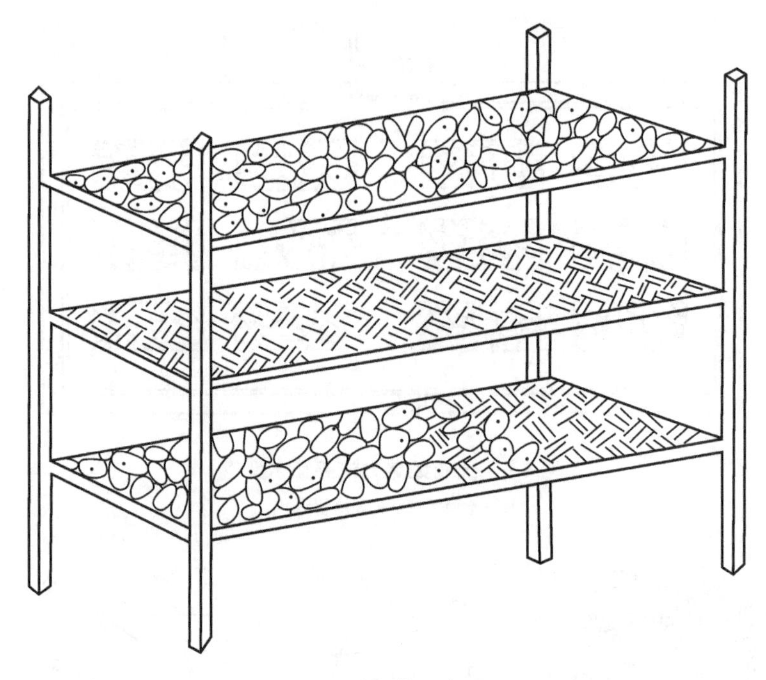

图 5-8 架藏示意图

维持在适宜的范围之内。

随着季节和昼夜的更替，气温和土温都在变化着，但变化的特点和规律有所不同。在贮藏初期，从秋季到冬季，气温和土温都在不断下降，但前者变化较快，幅度亦大。这段时间的昼夜气温差异很大，可达到 20℃以上；土温的昼夜差异则较小，且入土越深，土温越稳定，土温下降越慢。在贮藏后期，气温和土温都逐渐上升，但气温上升较快，且变化剧烈；土温则上升较慢，相对稳定。冬季的气温较低，土温却较高，入土越深，温度越高。气温和土温的这些特点和变化规律决定了其对简易贮藏场所温度的不同影响。简易贮藏的形式和规格不同，气温和土温所带来的影响亦各不相同。

(二)产品的堆垛宽度和贮藏量的影响

简易贮藏的温度不仅与贮藏场所的入土深度有较大的关系，而且与贮藏产品的堆垛宽度和贮藏量也有关系。堆垛宽度和贮量的变化会引起气温和土温对贮藏场所温度影响的程度。增大堆垛宽度，气温的作用比面减少，土温的作用比面增大，这样使得降温性能减弱而保温性能增强。沟(埋)藏时加大产品的堆垛宽度则会在一定程度上增强气温的影响，降低保温的性能。

沟藏或堆藏的产品堆垛较宽时，常须在底部设置通风道。这是因为贮藏场所的温度除受到气温和土温的影响外，也受到贮藏产品本身释放的呼吸热的影响。这些呼吸热是各种贮藏方式的重要热量来源，必须及时排除。否则，会由于贮藏产品呼吸热的逐步积累，使贮藏环境温度提高，影响贮藏效果。贮藏初期，由于环境温度偏高，贮藏产品又带有较多的田间热，呼吸作用强烈，产生很大的呼吸热量。因此，在贮藏初期，通风降温管理显得尤其重要。而入冬后，则要控制通风量，以防降温过度，造成冷害或冻害。

各种贮藏方式都应有一定的贮藏量和密集度，以使各种贮藏方式的通风设施及其通风量与之相适应。为了防止严寒时温度过低，马铃薯须保持一定批量，以便提供足够的呼吸热，从而抵御造成寒冷伤害的低温。

（三）覆盖与通风对简易贮藏的影响

简易贮藏一般主要是通过覆盖和通风来调节气温和土温对贮藏温度的作用，以此来维持贮藏产品所要求的温度和其他环境条件。覆盖的作用在于保温，即限制气温对产品的影响，加强土温对产品的影响，蓄积产品的呼吸热，不致迅速逸散。通风的作用正好相反，主要目的在于降温，即加强气温对产品的影响，削弱或抵消土温对产品的影响，驱散呼吸热以及其他热源带来的热量，阻止温度上升。在贮藏温度管理实践中，要灵活应用这两种调节贮温的方法，以适应气温和土温的季节变化，维持适宜的贮藏温度。

贮藏初期，马铃薯的田间热大，体温高，呼吸强度高，贮藏场所的温度一般均高于贮藏适温。这一阶段的温度管理是以通风降温为主，但产品仍需要有适当覆盖，以防贮温剧烈波动和风吹雨淋以及见光变绿。该阶段的覆盖不能太厚，以免影响降温速度。随着气温的下降，温度管理逐渐转向以增加覆盖，加强保温为主。覆盖层要逐渐加厚，每次增加覆盖后，内部温度会有一个暂时的回升，然后又逐渐下降，增加的覆盖层越厚，温度回升越高，降温的时间就会越长。所以，沟藏必须采取分层覆盖的办法，不能一次覆盖太厚，否则就可能导致贮藏产品的热伤害。这是沟藏成功的关键所在。棚窖可以一次覆盖完毕，因为它有相当大的通风面积，便于通风降温。沟藏设置的通风道，是用来加强初期通风降温的效果。随着外界气温的下降，要逐渐缩小通风口，最后完全堵塞通风道，停止通风。

可见，随着严寒的来临，各种简易贮藏都有一个从降温到保温的转变。沟藏是采用分次分层覆盖的方法，窖藏则是利用缩小通风面积来实现。覆盖和通风在实现温度调节的同时，在一定程度上起到了调节空气湿度和气体成分的作用。

（四）窖的消毒处理

马铃薯产区的贮藏窖使用多年后，烂薯、病薯常会残留在窖内，新的薯块在入窖初期往往温度高、湿度大，堆放中一旦把病菌带到薯块上就会发病、烂薯，甚至造成烂窖。贮藏窖在薯块入窖之前和结束贮藏之后，都要进行彻底清扫和消毒工作。贮藏窖的消毒方法很多，如用20％的石灰水或15％的硫酸铜溶液或1％的甲醛溶液喷洒消毒；或用40％的福尔马林50倍液均匀喷洒窖壁四周，再用百菌清烟剂熏蒸消毒，密闭2～3d，通风10～15d；或用百菌清烟剂封闭熏蒸48h，再将石灰撒到地面进行消毒。

任务二　通风库贮藏

通风库是棚窖的发展形式，也是利用自然低温通过通风换气控制贮温的贮藏形式，是砖、木、水泥结构的固定式建筑。整个建筑结构设置了完善的通风系统和绝缘设施，因此，降温和保温效果比起一般的棚窖大为提高。用地下防空洞等设施来进行马铃薯贮藏，其原理及管理方式与普通的通风库基本相同。

由于通风库贮藏仍然是依靠自然温度调节库温，库温的变化随着自然温度的变化而变化，在高温和低温季节不附加其他辅助设施，是很难维持理想的贮藏温度的。

一、通风库的特点

通风库是棚窖、窑窖的进一步发展，有较完善的隔热、隔潮设施和通风设备，造价虽较高，但贮藏量大，操作比较方便，可以长期使用，是目前最主要的马铃薯贮藏场所。

通风库主要利用昼夜温差和库顶与库底温度的差异，通过关闭通风窗，调节库内温度、湿度，从而保持较低而稳定的库温。因此，通风库受气温影响较大，尤其是在贮藏初期和后期，库温较高，难以控制，效果差。为了弥补这一点，可利用电风扇、鼓风机和机械制冷等辅助设施加速降低库温，进一步提高贮藏效果，延长贮藏期。

通风库的基本要求是绝热和通风。绝热就是使贮藏库的库顶、墙壁等建筑材料的导热性降低到最低极限，使库温不受外界气温的影响；良好的通风可有效地调节温度与湿度，以满足贮藏马铃薯的要求。

二、通风库的种类

通风库按处在地面的深浅分为地上式、半地下式、地下式三种类型。

1. 地上式通风库

一般在地下水位高的低洼地区和大气温度较高的地区采用地上式通风库。全部库体在地面上，墙壁、库顶、门窗等完全依靠良好的绝缘建筑材料进行隔热，以保持库内的适宜温度。进气口在库底，排气口在库顶，这样有利于通风降温。库温受环境气温影响较大。

2. 半地下式通风库

华北地区普遍采用此类型。一半库体建在地面以下，利用土壤作为隔热材料，另一半库体在地面上。库温既受气温影响，又受土温影响，在大气温度－20℃条件下，库温仍不低于1℃。

3. 地下式通风库

地下式通风库宜建在地下水位较低的严寒地区，库体全部建筑在地面以下，仅库顶露出地面，有利于防寒保温，又节省建筑材料。可利用通风设备导入库外的自然冷空气。当库外温度上升时，地下库因周围的深厚土层蓄积大量的冷气，可继续保持较低而稳定的库温。

三、通风库的管理

通风库贮藏是在具有良好隔热性能的永久性建筑中设置灵活的通风系统，根据热空气上升、冷空气下降形成对流的原理，利用通风设备导入低温新鲜空气，排出马铃薯释放的二氧化碳、热、水汽、乙烯等，使库内保持适宜的低温（如图5-9）。

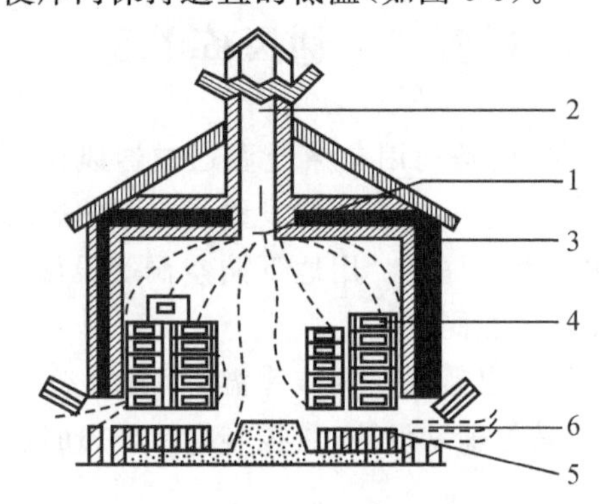

图5-9 通风库的构造及空气流通示意图

1—活门；2—排气烟囱；3—隔热材料；4—果蔬箱；5—地搁栅；6—进气口

通风库的使用和管理工作包括：

(一)贮藏准备

通风库在产品入库之前和结束贮藏之后，都要进行彻底清扫、消毒、设备检修和消毒工作。可用1%～2%的福尔马林或漂白粉喷洒消毒，或用5～10 g/m^{3}硫黄，关闭库门和通风系统，燃烧熏蒸2～3d；也可用臭氧处理等。

(二)产品的入库

马铃薯最好先包装，再在库内堆成垛。垛的四周要留有空隙，利于通气，地面应铺垫枕木或放有贮藏架。贮藏量大时，要避免产品入库时过于集中。

(三)温度和湿度管理

1. 温度管理

在入库初期主要是迅速降温。由于田间热及呼吸热，库内温度较高，这期间应将门、窗及进排气口打开，最大限度地导入外界冷空气，排除库内热空气，迅速降温。贮藏中期主要是保温。当外界气温和库内温度逐渐降到较低水平时，应注意减少通风量和通风时间，以维持库内稳定的贮藏温度和相对湿度。寒冷地区要注意防止冷害、冻害。贮藏后期主要是防止温度回升。此时管理上不宜过多通风，尽量延缓库温上升。

2. 湿度管理

库内若相对湿度过低，则应在库内地面泼水，或先在地面铺上细砂再泼水，或将水洒在墙壁上。也可用塑料薄膜袋包装，保持袋内较高的相对湿度，减少产品因水蒸发而增加失重的损耗。库内的相对湿度需保持在80%～85%，加湿是必要的管理措施。

(四)常规检查

常规检查主要指定时测温、测湿、测呼吸强度及固形物含量，并做好记录，随时调整。

贮藏初期，产品腐烂较多，应经常检查腐烂情况，及时清除腐烂物。贮藏中期，产品腐烂相对减少，检查腐烂的次数应减少，以免影响库温和相对湿度的稳定。贮藏后期，库温回升导致腐烂加重，应加强对腐烂和品质变化的检查，适时结束贮藏，减少损失。

任务三　机械冷藏

在气温偏高的季节和地区，缺乏可以利用的自然冷源(冷凉空气)，要获得贮藏所需的适宜低温，就须采取人工的降温措施，进行人工冷藏。人工冷藏有两种方式：一种是较为原始的冰藏，另一种是现代的机械冷藏。这里介绍机械冷藏的情况。

机械冷藏是利用建筑物良好的绝缘隔热设施，通过人工机械制冷系统的作用，将库内的热传送到库外，使库内的温度降低并保持在有利于延长产品贮藏寿命的贮藏方式。机械冷藏库是一种永久性的、隔热性能良好的建筑。

一、机械冷藏库概述

(一)制冷原理

机械冷藏库制冷是利用低沸点的液态制冷剂汽化时吸收贮藏环境中的热量，从而使库温下降。

（二）制冷剂

制冷剂是指在膨胀蒸发时吸收热量、产生制冷效应的物质。在制冷系统中，制冷剂的作用是传递热量。制冷剂的沸点必须要低，通常在0℃以下，大部分为－15℃或者更低；汽化潜热要大，临界温度要高，凝固温度要低，蒸汽比热要小，制冷能力要大；对人体无毒害，化学性质稳定，与金属不起腐蚀作用；无燃烧及爆炸的危险，不与润滑剂起化学反应；在高压冷凝系统内压力低，黏度较低和价格便宜等。常用制冷剂及其物理性能如表5-1所示。

表5-1 常用制冷剂及其物理性能

制冷剂	化学分子式	正常蒸发温度(℃)	临界温度(℃)	临界压力(MPa)	临界比体积(m^3/kg)	凝固温度(℃)	$k=c_p/c_v$	爆炸浓度极限容积(%)
氨	NH_3	－33.40	132.4	11.5	4.130	－77.7	1.30	16～25
二氧化硫	SO_2	－10.08	157.2	8.1	1.920	－75.2	1.26	
二氧化碳	CO_2	－78.90	31.0	7.5	2.160	－56.6	1.30	不爆
一氯甲烷	CH_2Cl	－23.74	143.1	6.8	2.700	－97.6	1.20	8.1～7.2
二氯甲烷	CH_2Cl_2	40.00	239.0	6.5	—	－96.7	1.10	12～15.6
氟利昂-11	$CFCl_3$	23.70	198.0	4.5	1.805	－111.0	1.13	不爆
氟利昂-12	CF_2Cl_2	－29.80	111.5	4.1	1.800	－155.0	1.14	
氟利昂-22	CHF_2Cl	－40.80	96.0	5.0	1.905	－160.0	1.12	不爆
乙烷	C_2H_6	－88.60	32.1	5.0	4.700	－183.2	—	
丙烷	C_3H_8	－42.77	86.8	4.3	—	－187.1	—	
水	H_2O	100						
空气		－194.44						

卤化甲烷族是指氟氯与甲烷的化合物，商品名通称为氟利昂。其中以氟利昂-12（二氯二氟甲烷CF_2Cl_2，简称为F-12）应用较广，其制冷能力较小，主要用于小型冷冻机。

最新研究表明，大气臭氧层的破坏与氟利昂对大气的污染有密切关系。许多国家在生产制冷设备时已采用了氟利昂的代用品，如溴化锂等制冷剂，以避免或减少对大气臭氧层的破坏，维护人类良好的生存环境。我国也已生产出非氟利昂制冷的家用冰箱小型制冷设备。但是这些取代物的生产成本较高，在生产实践中完全取代氟利昂并被普遍采用还有待进一步研究完善。

（三）制冷系统

压缩式制冷循环系统由压缩机、冷凝器、蒸发器和膨胀阀（调节阀）四大部分组成。压缩式制冷循环系统的工作原理是：从蒸发器蒸发出来的低温低压蒸汽（状态1）被吸入压缩机内，压缩成高压高温的过热蒸汽（状态2），然后进入冷凝器；由于高压高温过热制冷剂的蒸汽温度高于环境介质的温度，压缩机产生压力使制冷剂能在常温下冷凝成液体状态，因而排至冷凝器时，经冷却、冷凝成高压常温的制冷剂液（状态3）；高压常温的制冷剂液通过膨胀阀时，因节流而降压，在压力降低的同时，制冷剂液因沸腾蒸发器吸热使其本身的温度也相应下降，从而变成了低压低温的制冷剂液（状态4）；把这种低压低温的制冷剂液引入蒸发器吸热蒸发，即可使库内空气及马铃薯的温度下降而达到制冷的目的，从蒸发器出来的低压低温制冷剂气体重新进入压缩机，从而完成一个制冷循环，然后重复上述过程（图5-10）。

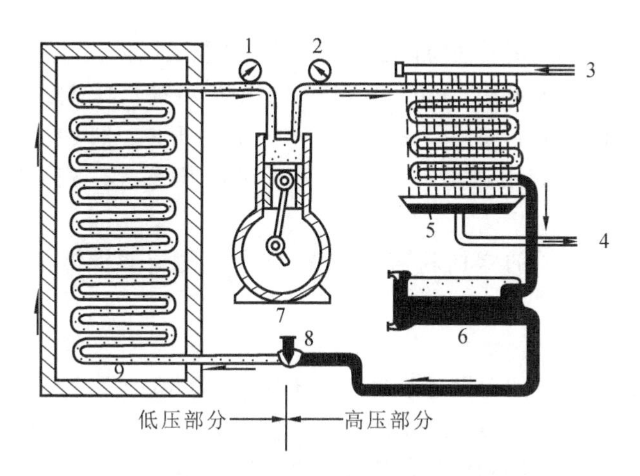

图 5-10　冷冻机工作原理示意图

1—回路压力；2—开始压力；3—冷凝水入口；4—冷凝水出口；5—冷凝器；6—贮液器；
7—压缩机；8—膨胀阀；9—蒸发器

1. 压缩机

压缩机是制冷系统的重要组件，起着压缩和输送制冷剂的作用，即把蒸发器内产生的低压低温气体吸回，再次压缩成为高压高温气体并送入冷凝器。

2. 冷凝器

冷凝器是用来对压缩机压入的高温高压气体进行冷却和冷凝，在一定的压力和温度下成为常温高压液体。冷凝器属于制冷系统中的热交换设备，是制冷剂向外放热的热交换器。来自压缩机的制冷剂蒸汽进入冷凝器后，将热量传递给周围介质（水或空气），自身则冷却、冷凝为液体。在氨制冷和氟利昂制冷系统中，冷凝器绝大多数靠冷水或冷风吸去热量，促使制冷剂凝结液化，再流入到贮氨器中保存。

3. 蒸发器

蒸发器是制冷系统中吸收热量的设备。在蒸发器中，制冷剂液体通过膨胀阀后，低压制冷剂从库房吸收热量，在较低的温度下沸腾，并将液体蒸发为气体，使库温降低，达到制冷目的。

4. 膨胀阀

膨胀阀用来调节进入蒸发器的制冷剂流量，同时起到降压的作用。

二、机械冷藏库的管理

（一）冷藏库的消毒

冷藏库被有害菌类污染常是引起腐烂的重要原因。因此，冷藏库在使用前需要进行全面的消毒，以防止产品腐烂变质。常用的消毒方法有以下几种：

乳酸消毒：将浓度为 80%～90%的乳酸和水等量混合，按 $1m^3$ 库容用 1mL 乳酸的比例，将混合液放于瓷盆内于电炉上加热，待溶液蒸发完后，关闭电炉。闭门熏蒸 6～24h，然后开库使用。

过氧乙酸消毒：将 20%的过氧乙酸按 $1m^3$ 库容用 5～10mL 的比例，放于容器内于电炉上加热，促使其挥发熏蒸，或按以上比例配成 1%的水溶液在库内全面喷雾。因过氧乙酸有腐蚀性，使用时应注意对器械、冷风机和人体的防护。

漂白粉消毒：将含有效氯 25%～30%的漂白粉配成 10%的溶液，用上清液按 $40mL/m^3$

的用量在库内全面喷雾。使用时注意防护，用后库房必须通风换气、除味。

福尔马林消毒：按 $1m^3$ 库容用 15mL 福尔马林的比例，将福尔马林放入适量高锰酸钾或生石灰，稍加些水，待产生气体时，将库门密闭，熏蒸 6～12h。开库，通风换气后方可使用库房。

硫黄熏蒸消毒：$1m^3$ 库容用硫黄 5～10g，加入适量锯末，置于陶瓷器皿中点燃，密闭熏蒸 24～48h 后，彻底通风换气。

库内所有用具用 0.5％的漂白粉溶液或 2％～5％的硫酸铜溶液浸泡、刷洗，晾干后备用。

（二）温度

入库产品的温度与库温的差别越小越有利于快速将贮藏产品冷却到最适贮藏温度。延迟入库时间，或者冷库温度下降缓慢，不能及时达到贮藏适温，会明显地缩短产品的贮藏寿命。要做到温差小，就要从采摘时间、运输以及散热预冷等方面采取措施。如入库前 3d 对马铃薯进行冷却降温处理。

在安装冷冻机时，一方面可增加冷库单位容积的蒸发面积，另一方面可采用压力泵将数倍于蒸发器蒸发量的制冷剂强制循环。这样可以显著地提高蒸发器的制冷效率，加速降温。

冷藏库在设计上对每天的入库量有一定限制，通常设计每天的入库量占库容量的 10％，超过这个限量，就会明显影响降温速度。入库时，最好把每天放进来的马铃薯尽可能地分散堆放，以便迅速降温。当入贮产品降到某一要求低温时可再将产品堆垛到要求高度。

在库内另外安装鼓风机械，或采用鼓风冷却系统的冷藏库，能加快库内空气的流通，利于入贮产品的降温。

各种容器中的贮藏产品，堆集过密时，会严重阻碍其降温速度，堆垛中心的产品会较长时间处于相对高温下，缩短产品的贮藏寿命。

（三）湿度

相对湿度是在某一温度下空气中水蒸气的饱和程度。空气的温度越高，则其容纳水蒸气的能力就越强，贮藏产品在此条件下的失重也就会加快。冷库的相对湿度一般维持在 80％～90％时，才能使贮藏产品不致失水萎蔫。

要维持冷库的高湿环境，最简单的方法是使制冷系统的蒸发器温度尽可能接近于库内空气的温度。这就要求蒸发器必须有足够大的蒸发面积。结构严密、隔热良好的冷藏库，外界的湿热空气很少渗漏到库内，这就容易使蒸发器温度维持在接近库温的水平，也可以减少蒸发器的结霜，减少除霜次数。

冷库中的增湿有多种方法。可通过淋湿、喷雾或直接洒水来增加湿度，但缺点是增加了蒸发器的结霜，需定期除霜。若冷库中的湿度过高，常用吸湿物质如石灰、木炭等调节。如果条件允许，可安装自动湿度调节器来调节湿度。

贮藏产品的包装如果干燥且易吸湿，则易使库内的湿度降低。贮藏前，用一些药品（如用氯化钙、防腐剂等）溶液对入贮产品进行处理，入库时带入一定的水气，会增加仓库的湿度。

（四）通风

贮藏产品在贮藏期间会释放出许多有害物质，如乙烯、二氧化碳等，当这些物质积累到一定浓度后，就会使贮藏产品受到伤害。因此，冷藏库的通风换气是必要的。冷藏库的通风换气一般选择在气温较低的早晨进行，雨天、雾天等外界湿度过大时不宜通风，以免库内温湿度的剧烈变化。

（五）产品出库

从0℃左右的冷藏库中取出的产品，与周围的高温空气接触，就会在其表面凝结水珠，既影响外观，也容易受微生物感染发生腐烂。因此，经冷藏的产品，在出库后、销售前，最好预先进行适当的升温处理，再送往批发或零售点。升温的程度与库外空气相对湿度有关，可以参考露点而确定。不同空气相对湿度下的露点见表5-2。在生产上，可以在冷藏库外设置临时堆放的周转仓库，其温度应高于冷藏库温度而低于库外温度。表5-2说明，一定温度的马铃薯在不同相对湿度的空气中露点不同，即形成水珠的温度不同。例如，品温为7℃，空气相对湿度为82%，空气温度为4.4℃时就会结露。如果升温至18℃，空气相对湿度为57%，空气温度升至10℃以上，结露现象就可避免。

表5-2 不同空气相对湿度下的露点

品温(℃) / 相对湿度(%) / 露点(℃)	35	30	24	18	13	7	2
0	10	15	20	28	40	60	87
4.4	15	20	28	40	57	82	
7.0	18	24	33	47	68	100	
10	21	29	40	57	82		
12.8	25	35	48	68	100		
15.6	30	42	58	83			
18.3	35	50	70				
21.1	43	60	80				

任务四 自然冷资源贮藏库

自然冷资源贮藏库是一种新型的节能型马铃薯保鲜贮藏设施。由于其节能效果显著，近年来受到人们极大的关注。该贮藏系统主要由贮藏室、贮冰(水)室、预冷室、风机、管道等组成。

一、基本原理和工作过程

利用自然冷资源贮藏保鲜技术的基本原理是：利用水在固液相变时可以释放或吸收大量潜热的特点，以水为基质，将冬季的自然冷资源以冰的形式贮存起来，并利用水在冻结时释放出的大量潜热来维持库内产品免受冻害。在暖季再以这些冰为冷源，维持马铃薯贮藏保鲜所需要的低温和高温条件，使得马铃薯贮藏库内温度终年保持不变或变化很小。根据此原理研究出了利用自然冷资源的贮藏系统。

（一）冬季蓄冷贮藏过程（图5-11）

该贮藏系统无需专用的机械制冷设备，而是依靠冬季制出的冰来维持全年贮藏的需要，因此必须在冬季制冰蓄冷，同时还必须保证贮藏室内的产品免受冷空气的伤害。其工作过程是：冬季，当外界气温降到0℃以下时，打开进气孔D_1，开动换气风机F_3，外界的冷空气便进入贮冰室，经热交换使贮冰室内的水逐渐冻结成冰，同时依靠水相变过程中放出的大量潜

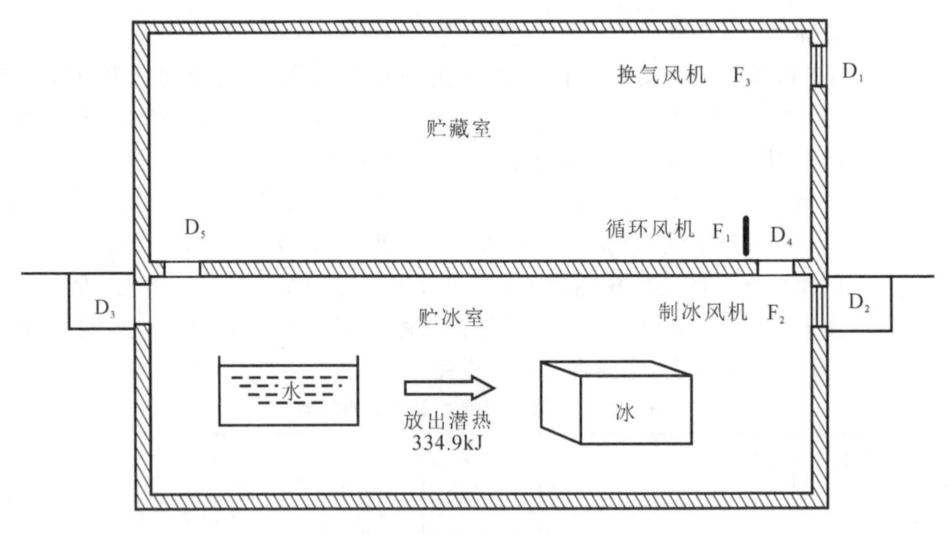

图 5-11　冬季蓄冷贮藏过程

热，使流入的寒冷空气温度上升。调节风机的风量，使可进入到贮藏室内的空气温度为 0℃左右，从而达到维持库内恒定温度为 0℃的目的。在需要加快制冰时，可以打开进气孔 D_2 和制冰风机 F_2，以增加进入贮冰室的冷空气量。当制冰结束或外界气温升高到 0℃以上时，可关闭制冰风机 F_2 和风门 D_2、D_1，以隔绝外界热空气的流入。

（二）暖季马铃薯贮藏过程（图 5-12）

马铃薯在贮藏期间是活着的生命体，要连续不断地进行呼吸，并放出呼吸热。为维持库内温度不变，需要将这部分呼吸热带走。此时，开动循环风机 F_1，贮冰室内的冷空气经风门 D_4 流入贮藏室，经和马铃薯换热后，使马铃薯温度下降。空气从风门 D_5 流回到贮冰室，在贮冰室内热空气经过与冰进行热交换，冰融化成水，同时吸收相变潜热，使得空气温度降低，成为冷空气，冷空气再次被循环风机 F_1 吸入到贮藏室。如此循环，直到贮藏室内温度达到贮藏要求为止。通过调节风门开关 D_4 的位置，可以改变从贮冰室流入贮藏室内的冷空气和从顶部来的热空气混合比例，从而维持库内温度保持恒定不变。

自然冷资源贮藏库的库房建筑结构基本与机械冷藏库相似。根据库体结构形式有全地下、半地下和地上式三种类型。1993 年 1 月在河北衡水地区建成的贮量为 1 200t，利用自然冷资源的果蔬贮藏保鲜库，成为世界上第一座实用的贮藏量在千吨以上的利用自然冷资源的果蔬贮藏保鲜库。采用半地下式结构，地下部分为贮冰室，地上部分为果蔬贮藏室。全库共由 6 个贮藏室组成，可同时贮藏 6 类贮藏温度不同的果蔬产品。该贮藏库建成后，即立即开始制冰蓄冷的试运行。在运行过程中，制冷风机的运转和停止由传感器测定外界温度并经计算机程序控制。贮藏室温度也实现了自动控制，即通过计算机程序控制风门开启角度，调节进入贮藏室的冷气量，使温度达到并稳定在需要的数值上。实际测试表明：尽管夏季外界温度高达 39.2℃以上，冬季最低温度达－12℃以下，但贮藏室内温度基本保持在 1～2℃，全年波动极小，十分稳定。相对湿度常年可保持在 90％以上。其电能的消耗是机械制冷库电能消耗的十分之一。这是一种适合我国北方寒冷地区农产品贮藏保鲜的方法。

二、自然冷资源贮藏库的特点

（1）该系统不用机械制冷设备，仅用几台风机就可以实现果蔬的贮藏保鲜，所以，节能效

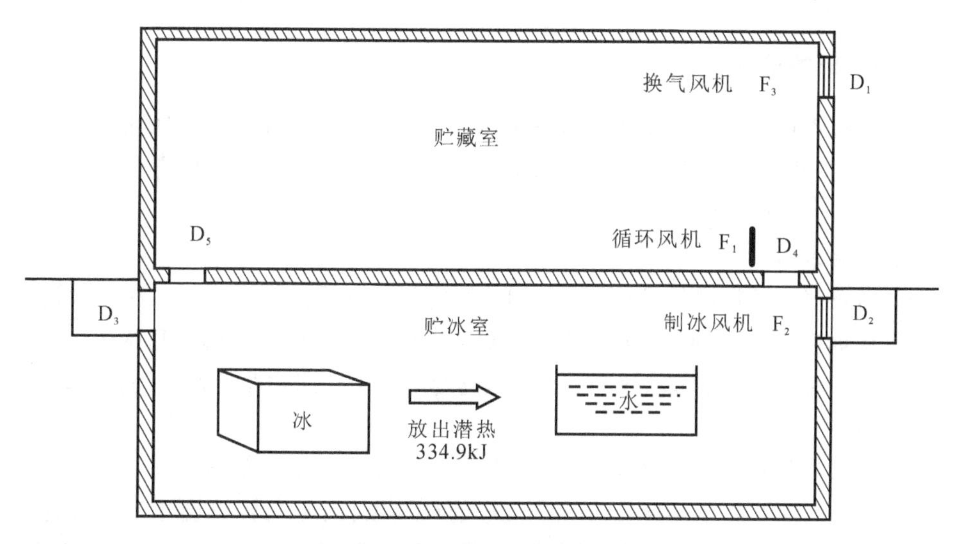

图 5-12 暖季马铃薯贮藏过程

果显著，投资低，维持管理费用少，而且不会造成对环境的污染。

(2)库内冷源来自冰水，低温稳定，湿度高，保鲜品质好，保鲜期长。

(3)自动化程度高，管理方便。

任务五 气调贮藏

气调贮藏即调节气体贮藏，是当前国际上保鲜广为应用的现代化贮藏手段。它是将马铃薯贮藏在不同于普通空气的混合气体中，其中 O_2 含量较低，CO_2 含量较高，有利于抑制马铃薯的呼吸代谢，从而保持新鲜品质，延长贮藏寿命。气调贮藏是在冷藏基础上进一步提高贮藏效果的措施，包含冷藏和气调的双重作用。

一、气调贮藏的原理与特点

20 世纪初，人们通过研究空气组分对果实、种子的生理影响，创造了改变空气组成从而保存农产品的商业性贮藏技术，并将这种方法称为气调贮藏。气调贮藏的原理就是在一定的适宜温度下，通过改变贮藏环境中的气体成分，降低 O_2 浓度和提高 CO_2 浓度来控制果蔬的呼吸强度，最大限度地抑制其生理代谢过程，抑制微生物的生长繁殖和乙烯的产生，以达到保持果蔬品质和延长贮藏寿命的目的。

人为调节 O_2 和 CO_2 含量指标的气调贮藏被称为人工气调贮藏，用 CA 来表示；而将产品置于密封的容器中，依靠其呼吸代谢来改变贮藏环境的气体组成，基本不进行人工调节的气体贮藏被称为自发气调，或限气贮藏，用 MA 来表示。

与通用的常规贮藏和冷藏相比，气调贮藏具有下述几方面的显著特点：贮存效果好、贮期长、损耗低、货架期长、“绿色”安全，利于长途运输和外销，具有良好的社会效益和经济效益。气调贮藏仅靠调节气体组成难以达到预期的贮藏效果，还应该考虑温湿度等因素，特别是温度因素对延缓呼吸作用、减少物质消耗、延长贮藏及保鲜期限尤为重要，是其他手段不可代替的。因此对气调贮藏来说，控制和调节最适宜的贮藏温度是该方法的先决条件。特别要注意的是，CO_2 浓度过高或 O_2 浓度过低会引起或加重生理失调，导致成熟异常，产生异味，加重腐烂。

二、气调贮藏的条件

气调贮藏法多用于果品和蔬菜的长期贮藏。入贮的产品要在最适宜的时期采收，不能过早或过晚，这是获得良好贮藏效果的基本保证。影响马铃薯气调贮藏寿命的因素除品种的遗传特性外，还包括以下几个。

(一)温度要求

气调贮藏可显著抑制马铃薯的新陈代谢，尤其是抑制呼吸代谢过程。新陈代谢的抑制手段主要是降低温度、提高 CO_2 浓度和降低 O_2 浓度等，这些条件均属于马铃薯正常生命活动的逆境。任一种逆境都有抑制作用，在较高温度下采用气调贮藏法贮藏马铃薯，也能获得较好的贮藏效果。

马铃薯的抗逆性都有各自的限度，马铃薯在常规冷藏的适宜温度是 3～5℃，如果进行气调贮藏，在 3～5℃下再加以高 CO_2 和低 O_2 的环境条件，则马铃薯会承受不住这三方面的抑制而出现一些伤害病症。在气调贮藏时，其贮藏温度提高到 6～7℃，就可以避免伤害。由此看出，气调贮藏法对马铃薯来说非常适宜，因为它可以采用较高的贮藏温度，从而避免产品发生冷害和还原糖的增加。当然这里的较高温度也是很有限的，气调贮藏有适宜低温配合，才能获得良好的效果。

(二)低 O_2 效应

气调贮藏中低浓度 O_2 在抑制后熟(调控乙烯的产生)和呼吸中具有关键作用。贮藏温度升高时，叶绿素分解加速，低 O_2 有延缓叶绿素分解的作用。贮藏之前，将苹果放在 O_2 浓度为 0.2%～0.5%的条件下处理 9d，然后继续贮藏在 CO_2 ∶ O_2 为 1.0 ∶ 1.5 的条件下，对于保持苹果的硬度和绿色，以及防止褐烫病和红心病都有良好的效果。气调贮藏中，O_2 浓度一般以能维持正常的生理活性，不发生缺氧(无氧)呼吸为底限引起多数果蔬无氧呼吸的临界氧气浓度为 2%～2.5%。

(三)高 CO_2 效应

提高 CO_2 的浓度对延长马铃薯产品的贮藏期有一定效果。刚采摘的苹果大多对高 CO_2 和低 O_2 的忍耐性较强，在气调贮藏前给以高浓度 CO_2 处理，有助于加强气调贮藏的效果。将采后的果实放在 12～20℃下，CO_2 浓度维持 90%，经 1～2d 可杀死所有的介壳虫，而对苹果没有损伤。经 CO_2 处理的苹果贮藏到 2 月份，比不处理的硬度高，风味也更好些。但 CO_2 浓度过高(超过 15%)，就会导致风味恶化和 CO_2 中毒的生理病害。CO_2 的最有效浓度取决于不同种类的园艺产品对 CO_2 的敏感性，以及其他因素的相互关系。

(四) O_2、CO_2 和温度的互作效应

气调贮藏中的气体成分和温度等诸条件，不仅分别影响产品，而且诸因素之间也会对贮藏产品起着综合的影响。贮藏效果的好坏正是这种互作效应是否被正确运用的反映，要取得良好的贮藏效果，O_2、CO_2 和温度必须有最佳的配合。不同的贮藏产品都有各自最佳的贮藏条件组合。当某一条件因素发生改变时，可以通过调整另外的因素来弥补由这一因素的改变所造成的不良影响。另外，气调贮藏在不同的贮藏时期还应控制不同的气调指标，以适应马铃薯从健壮向衰老不断地变化，对气体成分的适应性也在不断变化的特点，从而得到有效的延缓代谢过程，保持更好的食用品质的效果。此法称为动态气调贮藏，简称 DCA。

（五）乙烯的作用

低 O_2 可以抑制乙烯的生成。CO_2 是乙烯的类似酶反应的竞争抑制剂，通过降低贮藏环境中 O_2 的浓度，提高 CO_2 的浓度，能达到减少乙烯生成量、降低乙烯作用的目的。

（六）相对湿度

相对湿度是影响气调贮藏效果的又一因素。维持较高湿度，对减少果蔬产品的水分损失具有重要作用。气调贮藏果蔬产品的相对湿度一般比冷藏库的高，在 90%～93%之间，增湿是气调贮藏库普遍需要采取的措施。

三、气调贮藏的方法

气调贮藏的操作管理主要是封闭和调气两部分。调气是创造并维持产品所要求的气体组成；封闭是杜绝外界空气对所要求环境的干扰和破坏。目前国内外气调贮藏，按其气体组成的控制方式来说可分为两类：一类是人工气调贮藏法，另一类是自发气调贮藏法。

（一）人工气调贮藏法

人工气调贮藏法是利用机械设备人为地控制贮藏环境中的气体组成，使得果蔬产品贮藏期延长，贮藏质量进一步提高的方法，是经济发达国家大量长期贮藏果蔬产品的主要手段。其不足之处是所需设备条件高，贮藏成本也高，一定程度上限制了它的广泛应用。目前，在我国推广应用的人工气调贮藏法有气调冷藏库法和塑料薄膜大帐人工气调法。

1. 气调冷藏库法

气调冷藏库既要具备机械冷藏库的保温、隔热、防潮性能，又要具有良好的气密性能和较强的耐压能力，因为气调冷藏库内要达到所需的气体成分，并长时间维持，避免库内外气体交换；库内气体压力会随着温度变化而变化，形成内外气压差。

气调冷藏库的运行过程中，由于库内温度波动或气体调节会引起压力的波动，使库体内外侧产生压强差。当库内外压强差达到 58.8Pa 时，必须采取措施释放压力，否则会损坏库体结构。

在马铃薯入库前，应对库体内进行全面的消毒处理，检查库的气密性、制冷和调气系统。产品经剔选、分级、包装及预冷处理后入库，入库要快，除留必要的通风检查通道外，尽量堆高装满，让产品尽快进入气调状态。库内气温下降不能太快，以防瞬间造成较大负压，造成库体损坏。要随时注意库内温湿度以及氧气与二氧化碳含量的变化，并维持这些指标在规定范围内，同时要注意预防冷害、二氧化碳中毒、缺氧与霉变等。当进入气调状态后，尽量避免频繁开门进出货。

2. 塑料薄膜大帐人工气调法

该方法和大帐式自发气调贮藏方法基本相同，所不同的是将产品用大帐封闭后采用气调设备迅速将大帐内的气体指标调整到规定的范围，并在整个贮期中保持这个适宜的指标。为此，要定期检测大帐内的氧及二氧化碳的浓度。这种方法在普通冷藏库内就可以使用，但温度尽量要求稳定，一般在±1℃范围内。如果温度波动大，容易造成大帐内壁的凝结水，引起果蔬腐烂。此种方法的投资相对较少，易推广。

采用气调方法贮藏果蔬，不同类的产品不能混存，因为不同类的产品所适宜的氧和二氧化碳的指标不同。此外，还应采取整批出入库的措施，否则中途开帐或开库，破坏了已调节好的气体环境，一方面影响贮藏效果，另一方面也会造成能源的浪费。

（二）自发气调贮藏方法

将果蔬密闭在一定大小的容器中，通过其自身的呼吸作用，不断地消耗容器中的氧，释放出二氧化碳，使容器中的氧浓度降低、二氧化碳浓度升高，当升高到不会造成对果蔬产生伤害的指标时，及时向容器中补充新鲜空气，以增加氧的浓度；或根据所贮藏果蔬对气体成分的需求，在补充新鲜空气以提高氧浓度的同时，再将容器内的空气通过另一个装有消石灰的装置中循环，吸收多余的二氧化碳，然后送入容器内。用这种方法保持容器内比较适宜的氧和二氧化碳浓度，称为自发气调法。目前马铃薯所采用的自发气调贮藏的具体方法不同，主要有以下几种：

1. 塑料薄膜小包装法

这种方法是将一定量的果蔬放进规格一致的塑料薄膜袋中，适时扎紧袋口，根据贮藏果蔬对气体成分的要求，有规律地定期打开袋口通风换气。小包装塑料薄膜袋一般采用0.06～0.08mm厚的聚乙烯薄膜制成，长1 000～1 100mm，宽700～800mm，如图5-13所示。此法多用于贮藏蒜薹、芹菜等蔬菜。

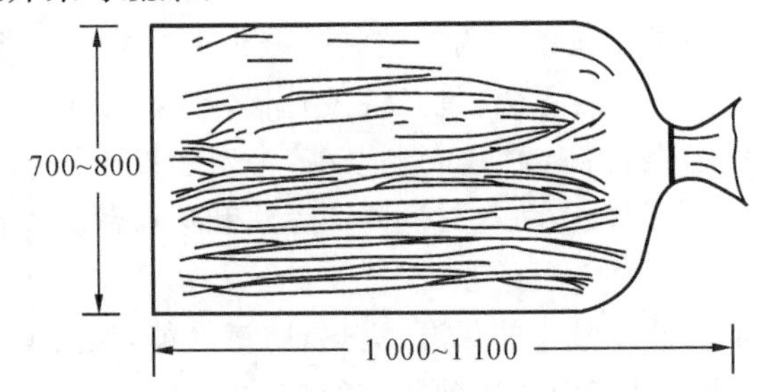

图5-13　塑料薄膜气调小包装示意图(单位：mm)

2. 塑料薄膜大帐贮藏法

这种方法是将果蔬放在事先已做好的长方形货架上（图5-14），或者放在统一规格的塑料箱内（图5-15）。每个帐内贮藏果蔬3 000～4 000kg，可依不同种类果蔬灵活掌握。当货架上或塑料箱内的果蔬温度与库内温度一致时，罩上事先用0.23mm厚的无毒聚乙烯薄膜制作好的塑料大帐（图5-16）。为了避免帐内壁上附着的凝结水滴到果蔬上而引起腐烂，在货架或箱垛的上方用一拱形支架将大帐支起（图5-17）。在货架或箱体与地面之间，事先铺好一块等同于货架形状的长方形帐底，帐底的长与宽应比大帐的长宽规格各延长900mm，以便与大帐边缘对齐，卷曲密封。货架与箱垛底部与帐底之间要用垫板，或向下延长货架支脚约20mm。当帐内的二氧化碳浓度过高时，在这个空隙中放入一定量的消石灰，以吸收过多的二氧化碳；当帐内氧气成分过低时，用鼓风设备从大帐一端的通风口补充外界的新鲜空气，以提高氧的比例。这种方法多用于贮藏蒜薹、番茄等蔬菜。

3. 硅橡胶窗气调法

硅橡胶膜是用硅橡胶均匀涂在织物上而制成的膜。这种薄膜对二氧化碳的透过率比氧的透过率高3～4倍。按照马铃薯对氧和二氧化碳的要求，把这种膜裁成相应大小的面积，镶嵌在塑料袋或塑料大帐上，形似小窗，如图5-18、图5-19所示。利用这个小窗，调节袋内或帐内的气体比例。这种自发气调贮藏方法，操作简便，其关键是贮前必须综合考虑包装内的产品数量、膜的性质、膜的厚度等多种因素，准确确定一定规格包装上的硅窗面积。

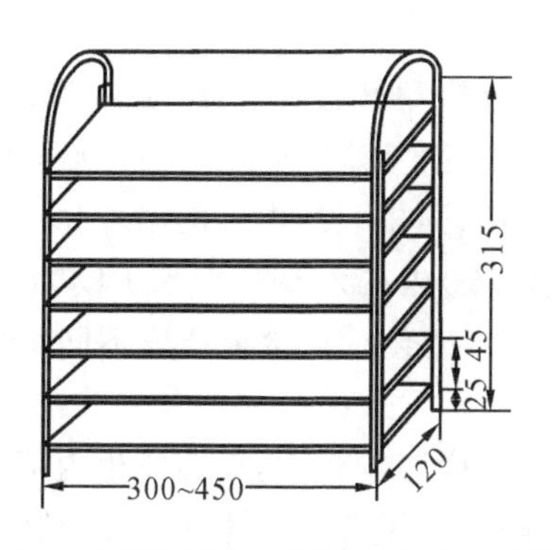

图 5-14　大帐气调方式贮藏货架结构示意图(单位:cm)

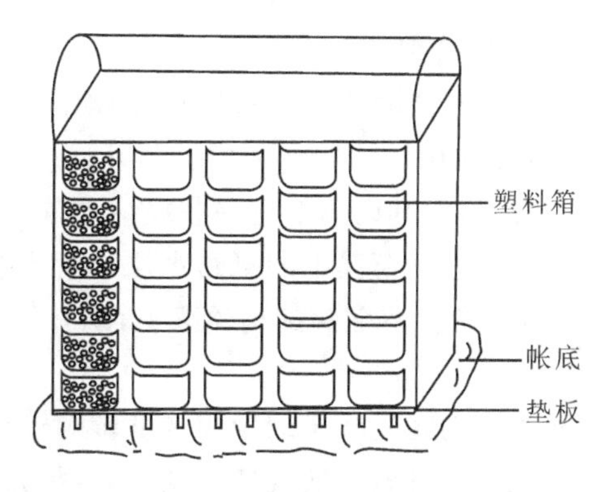

图 5-15　大帐气调方式箱装示意图

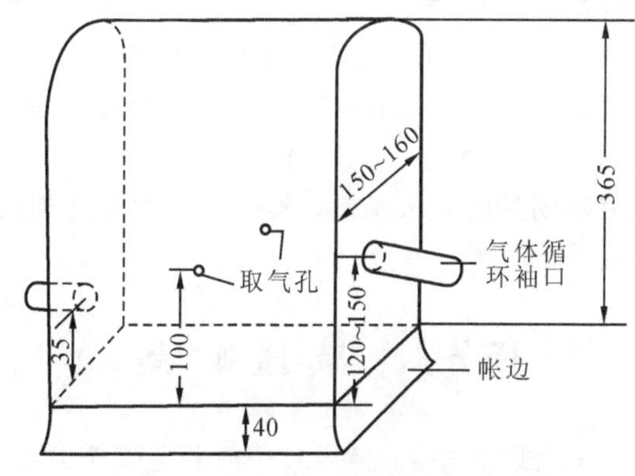

图 5-16　塑料气调帐示意图(单位:cm)

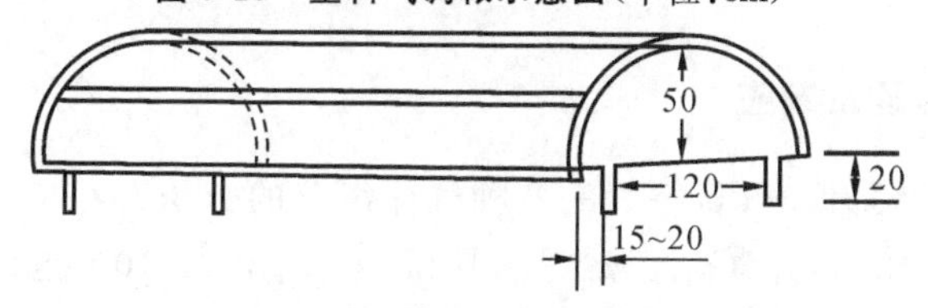

图 5-17　气调帐顶拱形架示意图(单位:cm)

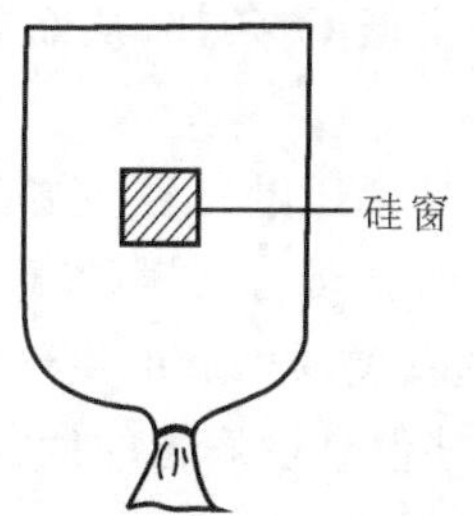

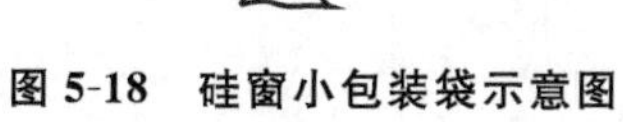
图 5-18　硅窗小包装袋示意图

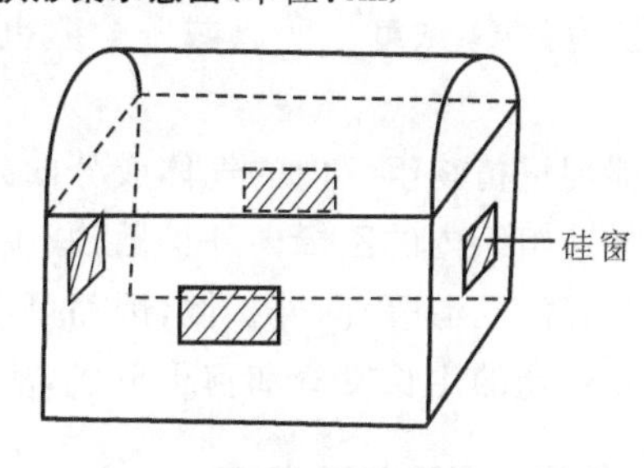

图 5-19　硅窗气调帐示意图

4. 松扎袋口法

这种贮藏方法与塑料薄膜小包装法基本相同,所不同的是在产品装袋后扎口时,需用直径约 20cm 的圆棒放在口袋处一同捆扎,扎好后拔出圆棒,再将所留圆孔处的袋口揉一下,使袋口的空隙成自然状态。袋内氧及二氧化碳指标的控制,完全靠袋口这个自然的通气口调节。这种方法常用于贮藏菠菜、芹菜等。

5. 温湿度管理

塑料薄膜封闭贮藏时，袋(帐)子内部因有产品释放呼吸热，所以内部的温度总会比库温高一些，一般有0.1～1℃的温差。另外，塑料袋(帐)内部的湿度较高，接近饱和。塑料膜处于冷热交界处，在其内侧常有一些凝结水珠。如果库温波动，则帐(袋)内外的温差会变得更大，变化会更频繁，薄膜上的凝结水珠也就更多。封闭袋(帐)内的水珠还溶有CO_2，pH值约为5。这种酸性溶液滴到马铃薯上，既有利于病菌的活动，又会对马铃薯造成不同程度的伤害。

由于库温对封闭环境的四周温度影响较小，而对中心温度影响较大，就会发生内部气体的对流。其结果是较暖的气体流至冷处，降温至露点以下便析出部分水气，形成凝结水，这种气体再流至暖处，温度升高，饱和差增大，因而又会加强产品的蒸腾作用。这种温湿度的交替变动，就像有一台无形的抽水机，不断地把产品中的水抽出来变成凝结水。也可能并不发生空气对流，而由于温度较高处的水汽分压较大，该处的水汽会向低温处扩散，同样导致高温处产品的脱水而低温处产品的凝水。所以薄膜封闭贮藏时，一方面是袋(帐)内部湿度很高，另一方面产品仍然有较明显的脱水现象。解决这一问题的关键在于力求库温保持稳定，尽量减小封闭袋(帐)内外的温差。

任务六　减压贮藏

减压贮藏又叫“低压贮藏”或“真空贮藏”。减压贮藏是气调贮藏的发展，也是一种特殊的气调贮藏方式。

一、减压贮藏的原理及效应

减压贮藏的原理是降低气压，空气的各种气体组分的分压都相应降低。例如气压降低至正常的1/10，空气中的O_2、CO_2、乙烯等分压降至原来的1/10。这时空气各组分的相对比例并未改变，但它们的绝对含量则降为原来的1/10，O_2的浓度从21%降到2.1%，这是大多数果蔬贮藏适宜的O_2浓度。所以减压贮藏也能创造一个低O_2条件，从而起到类似气调贮藏的作用。

减压贮藏能促进植物组织内的气体成分向外扩散，这是减压贮藏更重要的作用。减压贮藏能够大大加速组织内的乙烯向外扩散，减少内源乙烯的含量。减压贮藏也会促进其他挥发性产物(如乙醛、乙醇等)向外扩散，因而可以减少由这些物质引起的生理病害。减压贮藏还可能抑制微生物的生长发育和孢子形成，从而减轻某些侵染性病害的危害。

二、减压贮藏的主要设备和方法

(一)减压贮藏的主要设备

减压贮藏库包括贮藏产品的减压室、加湿器、气流计、真空泵等设备。

目前小规模实验性的减压贮藏中，其减压室多采用钢制的贮藏罐，贮藏量小。贮藏量大的减压室必须用钢筋混凝土制作才比较可靠。

加湿器主要用于加湿通入减压室的空气，因为减压贮藏中需要维持高的相对湿度，否则贮藏产品会很快失去水分而萎蔫。

气流计和真空泵是调节空气通入量和减压度的必要设备。

(二)减压贮藏的方法

减压处理有静止式和气流式两种方法。

1. 静止式

静止式也叫定期抽气式,是将贮藏容器抽气达到真空度后,便停止抽气,以后适时补充O_2和抽空以维持规定的低压。这种方式虽可促进果蔬组织内乙烯等气体向外扩散,却不能使容器内的这些气体不断向外排除。

2. 气流式

气流式也叫连续抽气式,是在整个装置的一端用抽气泵连续不停地抽气排空,另一端不断输入新鲜空气,进入减压室的空气经过加湿槽以提高室内的相对湿度。减压程度由真空调节器控制,气流速度同时由气流计控制,并保持每小时更换减压室容积的1～4倍,使产品始终处在恒定低压的新鲜湿润气流之中。

(三)减压贮藏的主要优点

(1)降低O_2的供应量从而降低了果蔬呼吸强度和乙烯产生的速度。

(2)果蔬释放的乙烯随时被排除,从而也排除了促进成熟和衰老的重要因素。

(3)排除了果蔬释放的其他挥发性物质,如乙醛、乙醇等,有利于减少果蔬的生理病害。

(4)减压贮藏有抑菌作用,阻碍菌丝生长和孢子形成。

(四)减压贮藏的局限性和不足

减压贮藏的一个重要问题是在减压条件下组织易蒸发干萎,因此必须保持很高的空气湿度,一般须在95%以上,而湿度很高又会加重微生物病害。所以减压贮藏最好要配合应用消毒剂。

减压贮藏要求贮藏室能够承受101kPa以上的压力,这在建筑上是极大的难题,从而限制了这种技术在生产上的推广应用。目前少数国家将减压系统装设在拖车或集装箱内用于运输。我国近年已经开始建设实验性质的小型减压贮藏库。

任务七 其他贮藏技术

一、辐射处理

辐射处理就是利用电离辐射起到杀虫、杀菌、防霉、调节生理生化等作用,同时干扰果蔬基础代谢,延缓成熟与衰老的方法。

(一)干扰基础代谢过程,延缓成熟与衰老

各国在辐射保藏食品上主要是应用以^{60}Co或^{137}Cs为放射源的γ射线来照射。γ射线是一种穿透力极强的电离射线,当其穿过生活机体时,会使其中的水和其他物质发生电离作用,产生游离基或离子,从而影响到机体的新陈代谢过程,严重时则杀死细胞。由于照射剂量不同,所起的作用有差异:

低剂量:1 000Gy以下,影响植物代谢,抑制块茎、鳞茎类发芽,杀死寄生虫。

中剂量:1 000～10 000Gy,抑制代谢,延长果蔬贮藏期,阻止真菌活动,杀死沙门氏菌。

高剂量:10 000～50 000Gy,彻底灭菌。

用γ射线辐照块茎、鳞茎类蔬菜可以抑制其发芽，50～150Gy是抑制发芽的剂量，且在生理休眠结束前照射效果好。

（二）抑制和杀死病菌及害虫

许多病原微生物可被γ射线杀死，从而减少贮藏产品在贮藏期间的腐败变质。炭疽病对芒果的侵染是致使果实腐烂的一个严重问题。在用热水浸洗处理之后，接着用1 050Gy的γ射线处理芒果，会大大地减少炭疽病的侵害。用热水处理番木瓜后，再用750～1 000Gy的γ射线处理，收到了良好的贮藏效果。如果单用此剂量辐射，则没有控制腐败的效果。较高的剂量则对番木瓜本身有害，会引起表皮退色，成熟不正常。用2 000Gy或更高的剂量处理草莓，可以减少腐烂。1 500～2 000Gy的γ射线处理法国的各种梨，能消灭果实上的大部分病原微生物。

（三）辐射贮藏食品的优越性和技术上存在的问题

1. 优越性

（1）食品在辐射过程中温度升高很多，处理得适当可保持食品原有的色、香、味、质地和营养成分。

（2）γ射线穿透力强，可通过各种包装材料，杀灭食品内部的害虫、寄生虫和微生物。

（3）处理后不会留下残留物，可减少环境公害，改善食品卫生质量，远比农药熏蒸等化学处理优越。

（4）应用范围广，能处理不同类型的食品和包装材料。

（5）可节约大量的能源消耗，辐射处理工作效率高，整个工序可连续进行，易于自动化。

2. 技术上存在的问题

（1）有关辐照是否会导致致毒、致畸、致突变，“辐射异味”产生的机理等重要问题尚未彻底解决，故在应用上有一定困难。

（2）应用于鲜活产品需摸索合适的处理剂量和处理时间，否则会使食品变色、变味，降低商品价值。

（3）辐射后可能引起部分营养损失，同时辐射虽杀死食品中的害虫和微生物，但对酶却不能完全破坏，故照射后，食品中的营养成分仍会继续变化，品质变劣不能完全得到抑制。

二、电磁处理

强磁场保鲜是一种能耗少，又不需要复杂装置的保鲜法。磁场强度越高，处理时间越短，灭菌效果越好。这种方法用于果蔬贮藏保鲜也有效果。

（一）磁场处理

产品通过电磁线圈，控制磁场强度和产品移动速度，使产品受到一定剂量的磁力线切割作用；或者流程相反，产品静止不动，而磁场不断改变方向（S、N极交替变换）。据有关研究报道，水分较多的水果（如蜜橘、苹果之类）经磁场处理，可以提高生活力，增强抵抗病变的能力。水果在磁力线中运动，在组织生理上总会产生变化，就如导体在磁场中运动要产生电流一样。这种磁化效应虽然很小，但应用电磁测量的办法，可以在果蔬组织内测量出电磁场反应的现象。

也有人曾作过类似试验：将番茄放在强度很大的永久磁铁的磁极间，发现果实后熟加速，并且靠近S极的比靠近N极的熟得快。他们认为其机制可能是：①磁场有类似激素的特性，或具有活化激素的功能，从而起到催熟作用；②激活或促进酶系统而加强呼吸；③形成自由基，加速呼吸而促进后熟。

（二）高压电场处理

一个电极悬空，一个电极接地（或做成金属板极放在地面），两者间便形成不均匀电场，产品置于电场内，接受间歇的或连续的或一次的电场处理。可以把悬空的电极做成针状负极，由许多长针用导线并联而成。针极的曲率半径极小，在升高的电压下针尖附近的电场特别强，达到足以引起周围空气剧烈游离的程度而进行自激放电。这种放电局限在电极附近的小范围内，形成流注的光辉，犹如月环的晕光，故称电晕。因为针极为负极，所以空气中的正离子被负电极吸引，集中在电晕套内层针尖附近，负离子集中在电晕套外围，并有一定数量的负离子向对面的正极板移动。这个负离子气流正好流经产品而与之发生作用。改变电极的正负方向，则可产生正离子空气。另一种装置是在贮藏室内用悬空的电晕线代替上述针极，作用相同。

可见，高压电场处理，不只是电场单独起作用，同时还有离子空气的作用。还不止此，在电晕放电中还同时产生 O_3，O_3 是极强的氧化剂，有灭菌消毒、破坏乙烯的作用。这几方面的作用是同时产生、不可分割的。所以，高压电场处理起的是综合作用，在实际操作中，有可能通过设备调节电场强度、负离子和 O_3 的浓度。

（三）负离子和 O_3 处理

试验证明，对植物的生理活动，正离子起促进作用，负离子起抑制作用。因此，在贮藏方面多用负离子空气处理。当只需要负离子的作用而不要电场作用时，可改变上述的处理方法，产品不在电场内，而是按电晕放电使空气电离的原理制成负离子空气发生器，借风扇将离子空气吹向产品，使产品在发生器的外面接受离子淋沐。

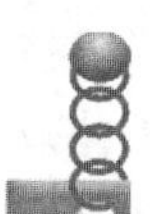

思考与练习

1. 简易贮藏的方式有哪几种？各有何特点？
2. 机械制冷的原理是什么？有哪几种冷却方式？各有什么优缺点？
3. 气调贮藏的原理是什么？气调贮藏的方式有哪些？各有何特点？

项目六　马铃薯贮藏库的建设

知识目标

1. 理解各种贮藏库的选址要求。

2. 理解贮藏窖、通风库、机械冷藏库、气调冷藏库的建设特点及要求。

技能目标

掌握贮藏窖、通风库、机械冷藏库、气调冷藏库的建设特点。

任务一　贮藏窖的建设

一、设施介绍

(一)10t 贮藏窖

1. 规格及技术参数

进入窖窖可采用正入式,即在窖一端的墙上设门;或采用侧入门式,即在侧墙上设门。窖体采用砖混结构,窖顶依据形状可分为拱形顶和平顶两种,出入口通道可采用台阶或坡道,整体效果如图 6-1 所示。窖内净面积 15m² 左右,体积 30m³ 以上,参考尺寸:长×宽×高=(5~7)m×(2.5~3)m×(2.5~3)m ,窖门为保温门,宽×长=(0.8~1)m×(1.8~2)m,中间为至少 60mm 厚的保温板,隔热、防潮、防锈、坚固、美观。通风系统主要采用自然通风。风囱离地面的高度为 1.5~2m。窖内地面不宜用水泥处理,可用 3∶7 灰土(3 份灰、7 份土)或素土夯实。

图 6-1　10t 与 20t 贮藏窖整体效果图

2. 适宜区域和对象

适宜推广地区主要包括西北、华北地区的马铃薯主产区，冬季气候寒冷、土层深厚、地下水位低的平原丘陵地区；适用于马铃薯种植面积在10亩左右的农户或专业合作组织。

（二）20t贮藏窖

1. 规格及技术参数

进入窑窖可采用正入式，即在窖一端的墙上设门；或采用侧入门式，即在侧墙上设门。窖体采用砖混结构，窖顶依据形状可分为拱形顶和平顶两种，出入口通道可采用台阶或坡道，整体效果如图6-1所示。窖内净面积25m²左右，体积60m³以上，参考尺寸：长×宽×高=(8～12)m×(2.5～3)m×(2.5～3)m，窖门为保温门，宽×长=(0.8～1)m×(1.8～2)m，中间为至少60mm厚的保温板，隔热、防潮、防锈、坚固、美观。贮藏窖整体尺寸如图6-2所示。窖内地面不宜用水泥处理，可用3∶7灰土(3份灰、7份土)或用素土夯实。

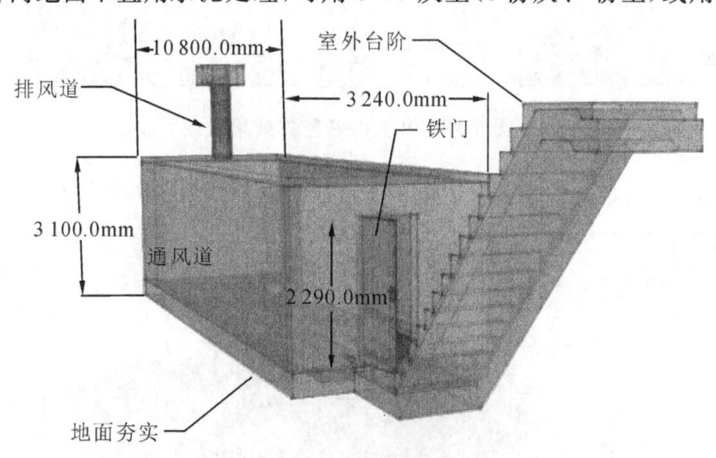

图6-2 20t贮藏窖整体尺寸图

2. 适宜区域和对象

适宜推广地区主要包括西北、华北地区的马铃薯产区，冬季气候寒冷、土层深厚、地下水位低的平原丘陵地区；适用于马铃薯种植面积在20亩左右的农户和专业合作组织。

（三）60t贮藏窖

1. 规格及技术参数

(1)窖体规格。窖体为砖混结构或框架结构，依据窖体与地平面的垂直位置分为地上式、地下式和半地下式三类。窖顶依形状分为拱形顶和平顶两种，拱形顶可建成单跨或双跨两种结构。窖内净面积75m²左右，体积210m³以上。60t贮藏窖的整体效果如图6-3所示，整体尺寸如图6-4所示。

(2)窖门规格。采用双道门。内门为保温门，宽×高=(1.4～1.6)m×(1.8～2.0)m，中间为至少60 mm厚的保温板，隔热、防潮、防锈。外门为普通门，坚固、美观。

(3)通风系统。由进风口、主通风管道、支通风管道、通风孔、出风口、调风装置和风机构成。窖内调风管道呈U形，通风道规格：宽×高=0.3m×0.3m，两条风道中心间距1.8m，各距侧墙0.9m，距前墙2.0m，进风口设在窖底部，排风口设在窖顶部，呈对角线布置，风道拐角处呈弧形，风机安装在窖门墙角处，与支通风管连接，支通风管道上面的开孔率应占开孔面的10%～20%，窖外排风管道离窖地面的高度为1.5～2.0m。风机风量为7 800～

图 6-3　60t 贮藏窖整体效果图

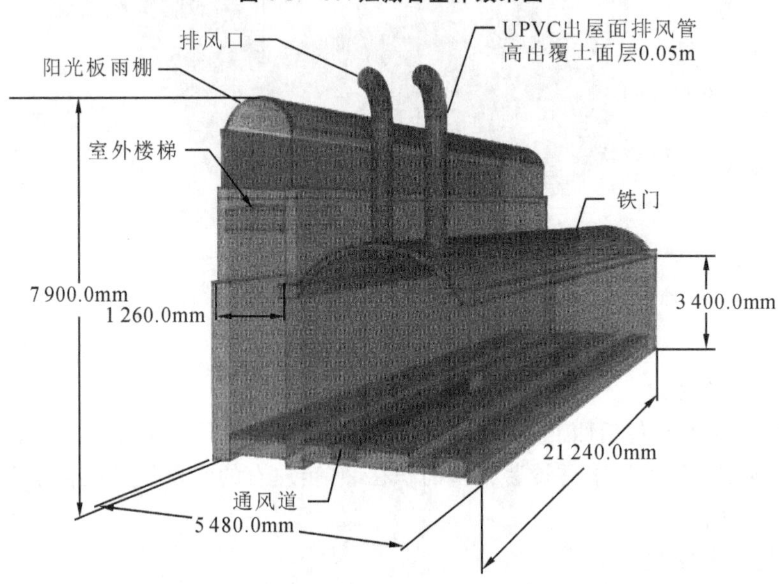

图 6-4　60t 贮藏窖整体尺寸图

9 500m^3/h，风压大于 190Pa，主通风道截面积为 0.25m^2 左右，支通风道截面积为 0.062m^2 左右。

2. 适宜区域和对象

适宜推广地区为冬季气候寒冷、土层深厚、土质坚实、地下水位低的北方马铃薯一作区，适用对象为马铃薯种植面积在 60 亩左右的农户和专业合作组织。

二、设施建造

建在平原或丘陵地区的窖，以开挖式窑窖为主，窑窖类型通常为地下式或半地下式，窖体必须采用砖混结构，窖顶采用砖砌的拱形顶，也可采用预制盖板建成平顶。一般砖砌的拱形顶较好，具有较好的吸收窖顶产生的凝结水的作用。窖顶用覆土保温，覆土厚度要大于当

地冻土层厚度,降低外界环境温度对窖内温度的影响,也可采用现代保温材料处理窖顶,但造价较高。

(一)选址要求

选址是指在马铃薯贮藏窖建设之前对建窖地址进行考察和决策的过程。马铃薯贮藏窖的选址很重要,在地下水位高处建窖,造成窖内湿度大,甚至出水,如果贮藏窖顶部覆土层小于当地冻土层,那么薯堆上部空间的温度较低,窖顶产生的凝结水会使薯块表皮变湿,上部薯块易受冻,导致腐烂加重。因此贮藏窖应尽量建在地下水位距地面 6m 以下的地方。贮藏窖的通风系统设置要合理,否则无法快速实现窖内外空气的置换,更无法调节窖内温湿度,以致所贮薯块受损害。选址要具备以下条件:

(1)应符合当地土地利用总体规划和城乡规划,要因地制宜、合理布局,提高土地利用率。

(2)宜选择交通便利、土层深厚、土质坚实、排水条件好、地下水位较低、基础设施和农机服务体系比较完善的地区。

(3)宜远离坟地、公路和自然灾害频繁地区,选择四周旷畅、通风良好、空气清新、交通便利、靠近产销地、便于安全保卫、水电畅通、无污染的田间地头、庄前屋后闲置土地上。

(二)施工准备

1. 技术准备

根据贮藏量确定马铃薯贮藏窖的容量。请当地建筑设计单位设计施工图纸。施工技术人员审查由当地建筑设计单位设计的施工图纸,检查图纸是否齐全,图纸本身有无错误和矛盾,设计内容与施工条件是否一致,各工种之间搭配是否顺畅等。熟悉有关设计数据和结构特点、土层、地质、水文等资料,深入实地摸清施工现场情况。

2. 施工现场准备

严格按照施工要求进行施工现场准备。按照总平面图要求布置测量点,做好控制线。设置永久件的经纬坐标桩及水平桩,组成测量控制网;搞好“三通一平”(路通、电通、水通、平整场地)。修通场区必要的运输道路,接通用电线路;布置现场供排水系统;按总平面图确定的标高组织土方工程挖填等辅助工作。

3. 建筑材料准备

做好建筑材料需要量计划和货源安排,依据设计的施工图,组织人员提早采购建窖所需的各种材料。对钢筋混凝土预制构件、钢构件、铁件、门窗等做好加工委托或生产安排,做好施工必要机械、机具和装备准备,对已有的机械、机具做好维修试用工作,及时订购、租赁或制作尚缺的机械、机具。

4. 施工人员准备

严格按照国家建设有关法律、法规要求,选择具有一定资质的施工队进行施工。农民自建窖,要做好施工人员的安全培训。

(三)建设工序

1. 主体工程

由施工人员严格按照设计的施工图进行施工。

(1)土方开挖

土方开挖受天气、地质条件及原有建筑的影响。开挖前应对施工图纸进行审阅、分析及拟定施工方案。了解当地的水文、气象、地质条件，清除地面障碍物，备好必要的开挖机械、人员、用电、用水、道路及其他设施。标线、定位开槽灰线尺寸要进行复查检验。选择土方机械，应根据施工区域的地形与作业条件、土的类别与厚度、总工程量和工期综合考虑，以能发挥施工机械的效率来确定。夜间施工时应有足够的照明设施；在危险地段应设置明显标志，并要合理安排开挖顺序。雨期开挖注意边坡稳定和排水。土方运至指定地点，用于回填或窖顶覆土。

工艺流程：确定开挖的顺序和坡度⟶分段分层平均下挖⟶修边和清底。

(2)地基验槽

土方开挖完成后，要进行验槽，检查基地土的持力层是否满足建筑物功能的需要，对地下水位、窖平面位置、轴线平面尺寸、基底标高以及马铃薯贮藏窖的朝向等情况进行检验。

(3)基础垫层

验槽完成后，应及时进行基础垫层。垫层所用材料根据当地实际地质情况而定，一般分为混凝土垫层和灰土垫层。混凝土垫层：水泥宜用 325 号硅酸盐水泥、普通硅酸盐水泥和矿渣硅酸盐水泥；砂采用中砂或粗砂，含泥量不大于 5%；石采用卵石或碎石，粒径为 0.5～3.2cm，含泥量不大于 2%。石灰垫层：应用块灰或生石灰粉，使用前应充分熟化过筛，不得含有粒径大于 5mm 的生石灰块，也不得含有过多的水分。垫层所用材料必须符合施工规范和有关标准的规定，垫层处理一定要密实、平整。

工艺流程：清理底层⟶拌制混凝土⟶混凝土浇筑⟶振捣⟶找平⟶养护。

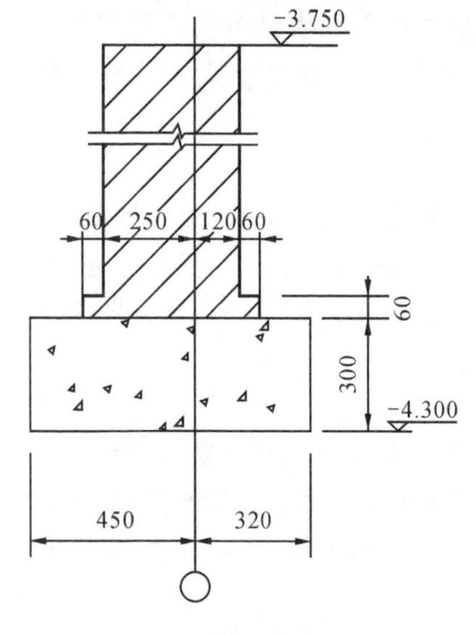

图 6-5　基础断面示意图

(4)基础和墙体砌筑

砌筑用砖的品种、强度等级须符合设计要求，规格一致，有出厂证明、试验单；水泥一般采用 325 号矿渣硅酸盐水泥和普通硅酸盐水泥；其他材料，如拉结筋、预埋件、防水粉，要求质量合格。

工艺流程：拌制砂浆⟶确定筑砌方法⟶排砖撂低⟶砌砖。

基础断面如图 6-5 所示。

拌制砂浆的投料顺序为：砂⟶水泥⟶掺和料⟶水。搅拌时间不少于 1.5min。一般水泥砂浆和水泥混合砂浆须在拌成后 3～4h 内使用完，不允许使用过夜砂浆。

确定筑砌方法：①筑砌方法应正确，一般采用满丁满条。②里外咬槎，上下层错缝，采用“三一”砌砖法(即一铲灰，一块砖，一挤揉)，严禁用水冲砂浆灌缝。

排砖撂低：①基础大放脚的撂低尺寸及收退方法必须符合设计图纸规定，如一层一退，里外均应砌丁砖；如二层一退，第一层为条砖，第二层砌丁砖。②大放脚的转角处应按规定放七分头(图 6-6)，其数量为一砖半厚墙放三块，二砖墙放四块，以此类推。

砌砖：①砌筑砖基础前，基础垫层表面应清扫干净，洒水湿润。先盘墙角，每次盘角高度不应超过五层砖，随盘随靠平、吊直。②砌基础墙应挂线。③基础标高不一致或有局部加深部位，应从最低处往上砌筑，应经常拉线检查，以保持砌体通顺、平直，防止砌成“螺丝”墙。

④基础大放脚砌至基础上部时，要拉线检查轴线及边线，保证基础墙身位置正确。同时还要对照皮数杆的砖层及标高(图 6-7)。如有偏差，应在水平灰缝中逐渐调整，使墙的层数与皮数杆一致。⑤各种预留洞、埋件、拉结筋按设计要求留置，避免后剔凿，影响砌体质量。⑥变形缝的墙角应按直角要求砌筑，先砌的墙要把舌头灰刮尽；后砌的墙可采用缩口灰，随时清理掉入缝内的杂物。⑦安装管沟和洞口过梁，其型号、标高必须正确，低灰饱满；如坐灰超过20mm 厚，用细石混凝土铺垫，两端搭墙长度应一致。

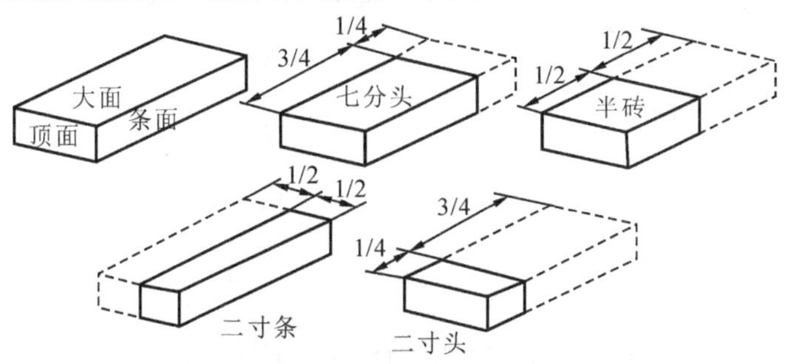

图 6-6　砖块术语示意图

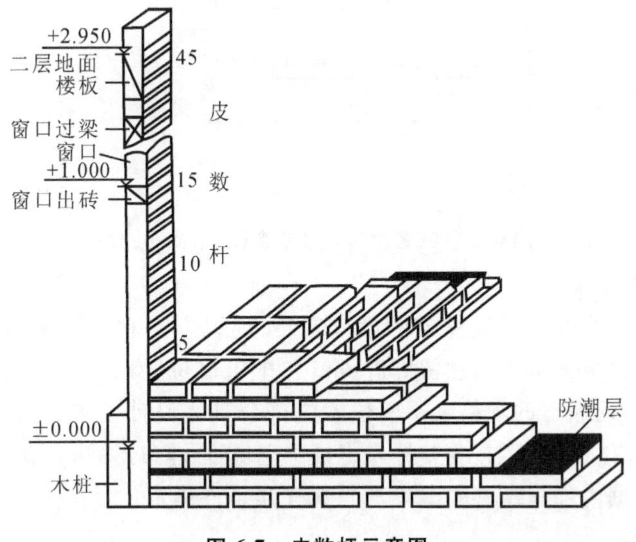

图 6-7　皮数杆示意图

(5)窖顶施工

窖顶结构分为现浇钢筋混凝土平顶、预制盖板平顶和砖混结构拱形顶(图 6-8)。要求窖顶结构安全，窖顶墙面平整、无凹凸。窖顶采用覆土保温，覆土厚度要大于当地冻土层，或采用 100～150mm 厚聚苯板保温材料保温。找坡层为 1∶8 水泥炉渣；找平层为 20mm 厚1∶3水泥砂浆；防水层为 3mm 厚 SBS 防水卷材。建筑材料和施工质量应符合设计要求和国家相关质量规定。

(6)窖内地面施工

采用 3∶7 灰分夯实平整，或直接用素土夯实平整即可。3∶7 灰分中石灰应采用块状生石灰或磨细生石灰。块状生石灰在使用前应用水充分熟化、过筛，熟化石灰颗粒粒径不大于 5mm；熟石灰也可用粉煤灰或电石渣代替。土用素土，不得含有有机杂物，颗粒粒径不大于 15mm。

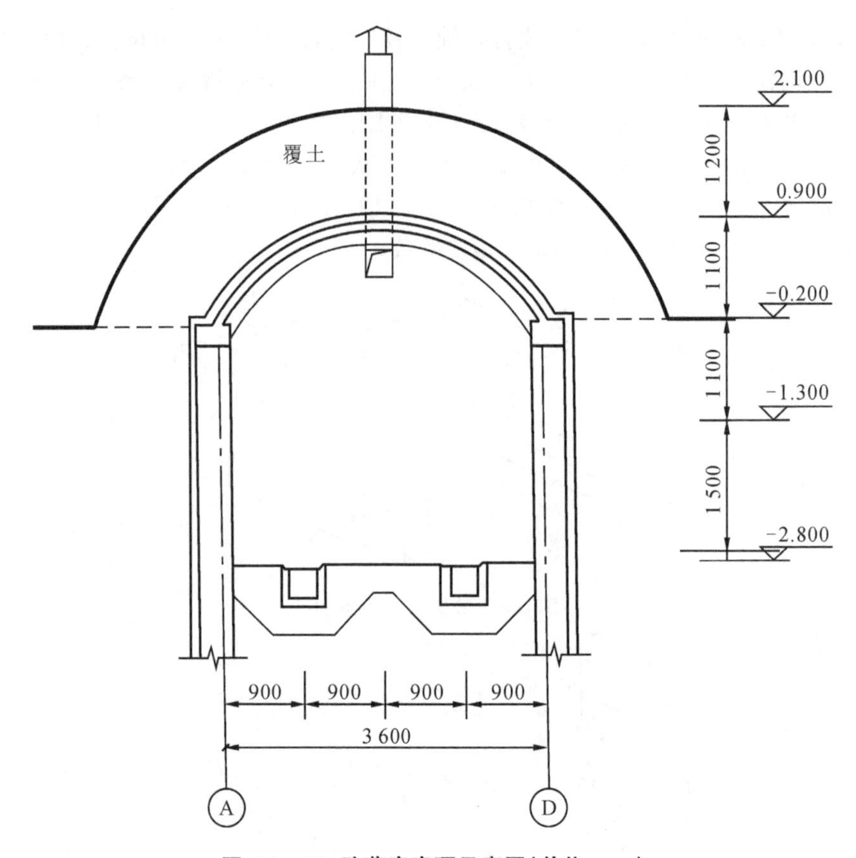

图 6-8 60t **贮藏窖窖顶示意图(单位:**mm**)**

(7)通风系统施工

通风系统施工主要包括通风管道的设计安装、通风空隙和开孔率的计算、风机的选型等。在马铃薯贮藏窖主体施工前预留好进风口和排风口位置以及风机的安装位置,并在窖内安装好排风管道,通风道的规格和平面位置应符合具体设计要求。通风管道分为砖砌和混凝土两种,在窖体地面施工前,要整体考虑通风管道的排布形式,预留好位置。地面通风道截面积尺寸应根据内部马铃薯贮藏量与当地气候条件确定。

2. 辅助工程

(1)出入口通道形式

贮藏窖进出口通道主要分为台阶和坡道。室外台阶与坡道是贮藏窖出入口的辅助配件,用来解决窖内外的高差问题。根据立地条件,以缓坡道设计和建设为第一选择,这样有利于使用农机具搬运马铃薯出入窖。如果场地较小,设计坡度较陡,无法使用农机具搬运,采用人工搬运时,建议出入通道设计成台阶。具体采用哪种方式,可根据立地条件和农户的投入确定。贮藏窖外进出入台阶或坡道应在主体工程完成后再进行施工,并与主体结构之间留出约 10mm 的沉降缝。台阶和坡道的构造均由面层、垫层、基层等组成。在北方地区,室外台阶或坡道应考虑抗冻要求,面层选择抗冻、防滑的材料。由于各地气候条件不同,贮藏窖可建成地下式或半地下式,出入口长度与高度根据建造形式做适当调整。

(2)设备安装

电气照明装置安装工程施工要严格遵守设计要求和施工方案,精心操作,确保灯具的安

装质量。电气照明装置安装工程包括窖内灯具安装以及插座、开关安装。由于窖内湿度大，因此窖内电线要用绝缘电线导管安装，以防电线漏电。风机的安装要符合相关风机的安装规范并进行调试。

三、工程验收

贮藏窖建设完成后，由用户对新建的贮藏窖进行验收，验收指标见表 6-1。贮藏窖的质量验收要参照相关国家标准规范执行。贮藏窖地基基础工程质量要符合《建筑地基基础工程施工质量验收标准》(GB 50202—2018)和《建筑工程施工质量验收统一标准》(GB 50300—2013)，砌体工程质量要符合《砌体结构工程施工质量验收规范》(GB 50203—2011)、混凝土工程质量要符合《混凝土结构工程施工质量验收规范》(GB 50204—2015)。窖顶工程质量：防水层不得有渗漏或积水现象；找平层表面应平整，不得有疏松、起砂、起皮现象；窖顶部覆土层厚度不小于当地冻土层厚度，保温材料的密度不低于 $18kg/m^3$，厚度不小于 100mm；其他未列指标应符合设计图纸要求。对于质量验收不合格的贮藏窖，特别是存在安全隐患的贮藏窖，要彻底整改，直至验收合格。

表 6-1　贮藏窖验收指标

指标名称		60t 指标要求	20t 指标要求	10t 指标要求	实测指标	单项判定结果
窖内净面积(m^2)		大于 70	大于 24	大于 12		
墙厚度(mm)		370(490)	370(490)	340(490)		
保温门厚度(mm)		60	60	60		
窖顶覆土层厚度(mm)		大于当地冻土层厚度；板厚度不小于 100	大于当地冻土层厚度；板厚度不小于 100	大于当地冻土层厚度；板厚度不小于 100		
窖周围有无排水渠		有	有	有		
通风管道是否畅通		是	是	是		
窖外有无集水坑		有	有	有		
风机	风量	大于 7 800m^3/h				
	风压	大于 190Pa				

四、维护管理

(1)马铃薯贮藏窖在使用结束后，应彻底清理窖内杂物、泥土，尤其是要对通风管道和通风孔内残留的尘土进行彻底清理，保证通风管道的畅通，打开窖门保持自然通风 1～2 周。自然通风结束后，要关闭通道口和窖门，以防外界热量进入窖内，使窖内的温度升高。

(2)平时要注意检查窖体有无鼠洞。

(3)雨季要注意观察贮藏窖周围的排水情况，防止雨水灌入窖内。若发现鼠洞，要及时进行堵塞。

(4)注意检查窖体结构，若发现窖体裂缝、下沉等涉及安全的问题，应及时处理。

(5)使用前应检查窖体的密封性和牢固性，通风系统的畅通情况，风机运转是否正常，并对风机按照要求进行保养处理。

任务二　通风库的建设

一、建筑设计

(一)库址选择

通风库有地上式、地下式和半地下式三种类型。

通风库要求建在地势高燥,最高地下水位要低于库底1m以上,四周旷畅,通风良好,空气清晰,交通便利,靠近产销地,便于安全保卫,水电畅通的地方。通风库要利用自然通风来调节库温,因此,通风库的方位对能否很好地利用自然气流至关重要。在我国北方,通风库的方向以南北向为宜,这样可以减少冬季寒风的直接袭击面,避免库温过低。在南方,则以东西向为宜,这样可以减少阳光的直射对库温的影响,也利于冬季的北风进入库内而降温。在实际操作中,一定要结合地形地势灵活掌握。

(二)库房结构设计

通风库的平面多为长方形,库房宽9～12m,长30～40m,库内高度一般在4m以上。我国各地贮藏马铃薯的固定窖,一个库房可贮薯20～200t,贮量大的地方可按一定的排列方式建成一个通风库群。建造大型的通风库群,要合理地进行平面布置。在北方较寒冷的地区,大都将全部库房分成两排,中间设中央走廊,库房的方向与走廊相垂直,库门开向走廊。中央走廊有顶及气窗,走廊宽度为6～8m,可以对开汽车,两端设双重门。中央走廊主要起缓冲作用,防止冬季寒风直接吹入库房内使库温急剧下降。中央走廊还可以兼作分级、包装及临时存放贮藏产品的场所。库群中的各个库房也可单独向外开门而不设共同走廊,这样在每个库门处必须设缓冲间。温暖地区的库群,每个库房以设单库门为好,可以更好地利用库门进行通风,以增大通风量,提高通风效果。

通风库除以上主体建筑外,还有工作室、休息室、化验室、器材贮藏室和食堂等辅助建筑需要统一考虑。如图6-9、图6-10所示,库群中的每一个库房之间的排列有两种形式:一种是分列式,每个库房都自成独立的一个贮藏单位,互不相连,库房间有一定的距离。其优点是每个库房都可以在两侧的库墙上开窗作为通风口,以提高通风效果。其缺点是每个库房

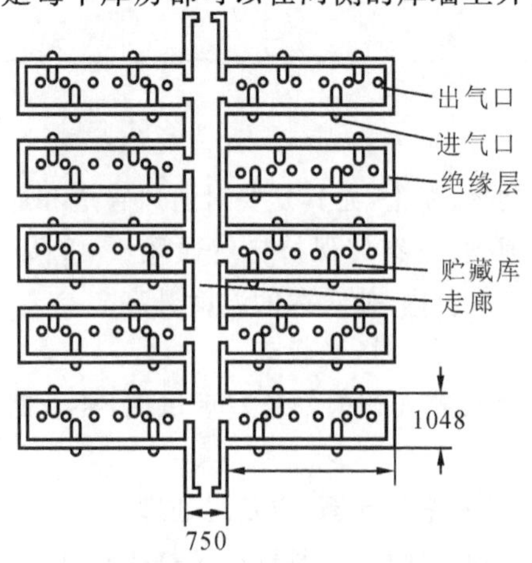

图6-9　分列式通风库(单位:cm)

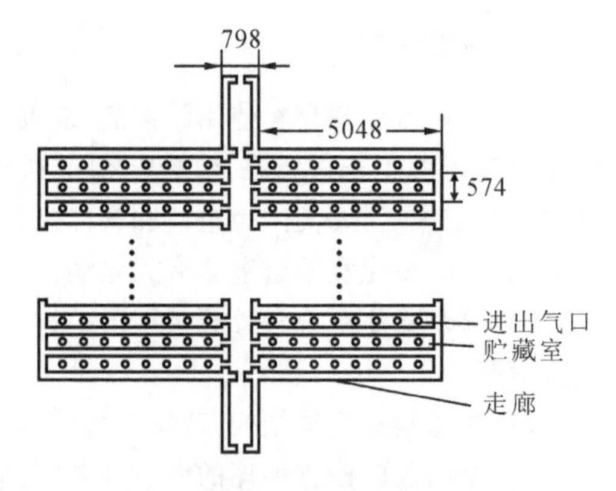

图6-10　连接式通风库(单位:cm)

都须有两道侧墙，建筑费用较大，也增加了占地面积。另一种为连接式，相邻库房之间共用一道侧墙，一排库房侧墙的总数是分列式的 1/2 再多一道。这样的库房建筑可大大节约建筑费用，也可以缩小占地面积。然而，连接式的每一个库房不能在侧墙上开通风口，须采用其他通风形式来保证适宜的通风量。小型库群可安排成单列连接式，各库房的一头设一个共用走廊，或把中间的一个库房兼作进出通道，在其侧墙上开门通入各库房。

整个库群的大小要按常年的贮藏任务而定。库容量要根据单位面积贮藏的马铃薯量及贮藏方式来计算。如用三层式贮藏柜贮藏马铃薯，每层堆块茎厚 0.5m，三层共 1.5m；走道和通风隙道以占库房总面积的 25%（实贮面积占 75%）计，马铃薯单位容量以 $675kg/m^2$ 计，则 $1m^2$ 面积平均贮量约 750kg，$300m^2$ 的库房可贮 2.25×10^5 kg。

二、通风系统

通风库及通风系统示意图如图 6-11 所示。通风库是以导入冷空气，使之吸收库内的热量再排到库外而降低库温的。库内贮藏的马铃薯所释放出的大量二氧化碳、乙烯、醇类等，都要靠良好的通风设施来及时排除。因此，通风设施在通风库的结构上是十分重要的组成部分，它直接影响着通风库的贮藏效果。而单位时间内进出库的空气量则决定着库房通风换气和降温的效果。通风量首先取决于通风口（进气口和出气口）的截面积，其次是空气的流动速度和通风的时间。而空气的流速又取决于进出气口的构造和配置。

（一）通风量和通风面积

根据单位时间应从通风库排出的总热量以及单位体积空气所能携带的热量，就可以算出要求的总通风量，然后按空气流速计算出通风面积。

通风量和通风面积的确定涉及很多因素，计算比较复杂。在具体设计工作中，除须做理论计算外，还应该参考实际经验作出最后决定。我国北方地区的马铃薯通风库，贮藏容量在 500t 以下的，通常是每 50t 产品配有通风面积 $0.5m^2$ 以上，因地区和通风系统的性能而异。风速大的地方比风速小的地方所需的通风面积小，出气筒高的库比出气筒低的库所需的通风面积小，装有排风扇的库比未装排风扇的库所需的通风面积小。

据测定，当外界风速为 0.53m/s 时，$0.1m^2$ 的进气口风速为 0.18m/s；当外界风速为 1.52m/s时，$1m^2$ 的进气口风速为 0.35m/s；当外界风速为 3.4m/s 时，$1m^2$ 的进气口风速为 0.57m/s。当进气口风速为 0.46m/s 时，则每平方米进气量为 $0.45\ m^3/s$。据此可计算出日通风量，以及通风面积。

（二）进、出气口的设置

通风库的通风降温效果与进、出气口的结构和配置是否合理密切相关。空气流经贮藏库，借助自然对流作用将库内热量带走，同时实现通风换气。空气在库内对流的速度除受外界风速的影响外，还受是否分别设置进、出气口以及进、出气口的高度差等因素的影响。分别设置进气口与出气口，气流畅通，互不干扰，利于通风换气。要使空气自然形成一定的对流方向和路线，不致发生倒流混扰，就要设法建立进、出气口二者间的压力差，而压力差形成的一个主要方式是增加进、出气口之间的高度差。因此，贮藏库的进气口最好设在库墙的底部，出气口设于库顶，这样可以形成较大的高度差。可以在排气烟囱的顶上安装风罩，当外风吹过风罩时，会对排气烟囱造成抽吸力，进一步增大气流速度。对于地下式和半地下式的分列式库群，可在每个库房的两侧墙外建造地面进气塔，由地下进气道引入库内，库顶设排

图 6-11　通风库及通风系统示意图

气口，这样就组成了完整的通风系统，只是进、出气口间的高度差较小。连接式库群无法在墙外建立进气塔，只能将全部通风口都设在库顶，在秋季可利用库门和气窗进行通气。建在库顶的通风口，处在同一高度，没有高度差，进、出气流不能形成一定的方向和路线，容易造成库内气流混乱，降低对流速度。为了解决这一问题，可以将大约一半数量的通风口建成烟囱式，高度在 1m 以上，另一半通风口与库顶齐平。如此，进、出气口可形成一定的高度差。还可以在通风口上设置风罩。根据外界风向，在风罩的不同方向开门，就可分别形成进、出气口。将风罩做成活动的，加上风向器，可自动调节风罩的方向。

设置气口时，每个气口的面积不宜过大。当通风总面积确定之后，气口小而数量多的系统比气口大而数量少的系统具有更好的通风效果。气口小而分散均匀时，全库气流均匀，温度也较均匀。一般通气口的适宜大小为25cm×25cm～40cm×40cm，气口的间隔距离为5～6m。通风口应衬绝缘层（保温材料），以防结霜从而阻碍空气流动。通气口要设活门，以调节通风面积。

三、隔热结构

为了维持库内稳定的贮藏适温，不受或减少外界温度变动对贮藏温度的影响，通风库要有良好的隔热结构。通风库的隔热结构一般是在库顶、四壁以及库底敷衬隔热性能良好的隔热材料，构成隔热保温层。建筑用的砖、石、水泥等建筑材料，其隔热性能很差，主要是起库房的骨架和支撑作用，库房的保温作用须由敷设隔热材料来实现。常用隔热材料的隔热性能如表6-2所示。

表6-2　部分材料的隔热性能

材料	热导率	热阻	材料	热导率	热阻
静止空气	0.025	40.0	加热混凝土	0.08～0.12	8.3～12.5
聚氨酯泡沫塑料	0.02	50.0	泡沫混凝土	0.14～0.16	6.2～7.1
聚苯乙烯泡沫塑料	0.035	28.5	普通混凝土	1.25	0.8
聚氯乙烯泡沫塑料	0.037	27.0	普通砖	0.68	1.47
膨胀珍珠岩	0.03～0.04	25.0～33.3	玻璃	0.68	1.47
软木板	0.05	20.0	干土	0.25	4.0
油毛毡、玻璃棉	0.05	20.0	湿土	3.25	0.31
纤维板	0.054	18.5	干沙	0.75	1.33
锯屑、稻壳、秸秆	0.06	16.4	湿沙	7.50	0.13
刨花	0.08	12.3	雪	0.40	2.5
炉渣、木料	0.18	5.6	冰	2.0	0.5

注：热导率λ的单位为W/(m·K)，热阻=$1/\lambda$。

由表6-2中数字可以看出，各种材料的绝缘性能不同。在建设通风库时，要根据所用的材料确定相应的厚度。软木板、聚氨酯泡沫塑料等材料的隔热性能很好，但价格较高。传统的通风库多就地取材，以锯屑、稻壳以及炉渣等材料作绝缘层，其造价较低，流动性强，但不易固定，且易吸湿生霉。隔热材料一经吸湿，其隔热能力会大大降低，因此须有良好的防潮措施。

四、目前生产中常见通风库的类型

有条件的企业和个人，以及优良种薯生产场等部门，多采用永久式贮藏窖。其优点是使用耐久，不需年年挖窖，有良好的通风通气设备，便于管理。永久式贮藏窖的形式也是多种多样的，现介绍以下两种。

（一）丁字型永久式贮藏窖

这种贮藏窖属于小型起拱砖窖，主要材料为砖和水泥，窖深一般为3～3.5m，起拱跨度为5 m，长度为20～30m，东西延长，南侧中间有台阶式坡道入窖，窖门在地上部，地上部设有作业间，在窖顶设有通气孔供调节温湿度，如图6-12所示。

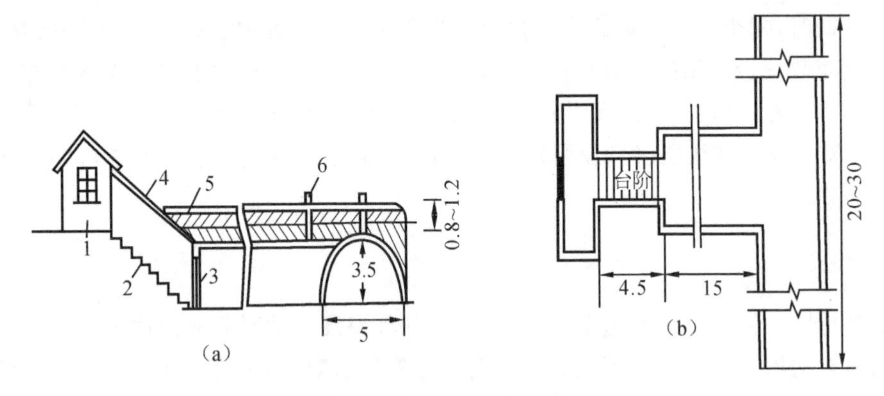

图 6-12　丁字型永久式贮藏窖(砖窖)示意图(单位:m)

(a)断面图;(b)平面图

1—作业室;2—台阶;3—门;4—窖盖;5—泥土;6—通气孔

(二)丰字型永久式贮藏窖

这种贮藏窖是一种大型地下式永久性贮藏窖。蔬菜公司、种子公司、种薯繁育农场、马铃薯淀粉加工厂和马铃薯专业科研机构等需要贮藏大量种薯和商品薯时,适合修筑这种形式的贮藏窖。这种贮藏窖门窗的气孔使用木料,用砖和水泥起拱筑成,坚固耐用。汽车与马车均可入窖,装卸车方便,节约搬运劳力。这种大型贮藏窖实际上是无数起拱的小砖窖连接聚集起来的,中间留有3～4m宽的车道,每个独立小窖的宽度一般为 5m 左右,长度为 8～12m。每个小窖的顶棚设有 2～3 个气眼,气眼的大小为 40cm×40cm,设置的气眼要高低错开,低的为进气孔,高的为出气孔,使空气在窖内形成对流,有利于保证通风换气,调节温湿度(图 6-13)。

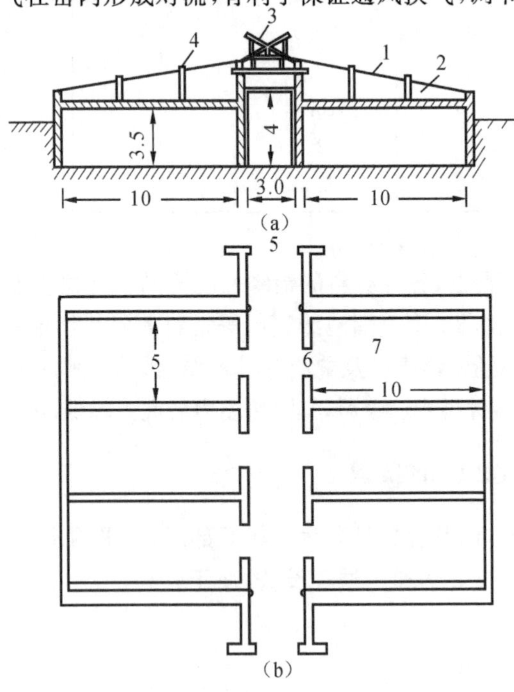

图 6-13　丰字型永久式贮藏窖(单位:m)

(a)断面图;(b)平面图

1—沥青;2—三合土;3—天窗;4—通气孔;5—门;6—门;7—窖

修筑永久式贮藏窖时，不论采用何种窖型，都不宜修筑水泥地面，地面可用三合土夯平或保持原来黄土地面，以利于地下热向窖内输导以保证窖内温度。采用水泥地面会隔绝地下输导热，且地面发凉、潮湿。也不能用水泥砂浆抹墙面，因为水泥墙面容易出汗滴水，造成窖内湿度过大，不利于马铃薯块茎的安全贮藏。

任务三　机械冷藏库的建设

机械冷藏是利用建筑物良好的绝缘隔热设施，通过人工机械制冷系统的作用，将库内的热传送到库外，使库内的温度降低并保持在有利于延长产品贮藏寿命的贮藏方式。机械冷藏库是一种永久性的、隔热性能良好的建筑。

一、库址的选择

机械冷藏库的贮量一般较大，产品的进出量大而频繁。因此，要注意交通方便，利于新鲜产品的运输。还要考虑到产区和市场的联系，减少马铃薯在常温下不必要的时间拖延。

机械冷藏库以建设在没有阳光照射和热风频繁的阴凉处为佳。一些山谷或地形较低，冷凉空气流通的位置最为有利。机械冷藏库周围应有良好的排水条件，地下水位要低，保持干燥很重要。

全年内空气温度比土壤温度低的时间长，而且空气通过屋顶和墙壁的传热量也比土壤小。通常设计地下库用的绝缘材料厚度与地上库是一样的，因此，地下库的建设，在经济上并不合算。地下库与外界的联系以及各种操作管理均没有地上库方便。因此，冷库的建设大多采取地上式。

二、库房的容量

机械冷藏库的大小要根据经常贮存产品的数量和产品在库内的堆码形式而定。设计时，要先确定需要贮藏的容量。这个容量是根据需要贮藏的产品在库内堆码所必需占据的体积，加上行人过道，堆码与墙壁之间的空间，堆与天花板之间的空间以及包装之间的空隙等计算出来的。确定容量之后，再确定长宽与高度。假设要建一座容量为 1 080m^3 的机械冷藏库，若采用 4m 的高度，1 080/4＝270(m^2)，就是库房所需的地平面积。一般宽度为 12m，那么长即为 22.5m。如果在同一容量的基础上增加 1m 的高度，库房就可以缩短4.5m，这就增加了墙壁面积 24m^2，但从减少地平面积和天花板以及梁架材料的投资来考虑，增加高度比延长长度更经济。但较大的高度必须有适宜高层堆垛的设备来配合，如铲车等。

机械冷藏库的设计还要考虑必要的附属建筑和设施，如工作间、包装整理间、工具库和装卸台等。

三、隔热结构

(一)隔热材料的选择

建筑机械冷藏库的重要问题是设法减少热流入库。隔热材料的敷设就是为内外热量交流设置障碍。隔热材料的隔热性能与材料内部截留的细微空隙有着密切的联系。坚实致密的固体的隔热能力很差，如金属材料的导热能力都比较强。但如果将其制成充满封闭的气孔泡沫状的材料,则金属材料也会被赋予良好的隔热性能。隔热材料除具备良好的隔热性能外,还应有廉价易得,质轻,防湿,防腐,防虫,耐冻,无味,无毒,不变形,不下沉,便于使用等特性。对某一隔热材料来讲,其隔热能力可借以增加隔热材料的厚度而提高。一般以软木为标准,通常墙壁适宜的厚度为10cm左右,地板厚5cm左右。对于其他材料,与10cm厚软木板隔热能力相当的厚度即可。

隔热材料分为几种类型:一种是加工成固定形状的板块,如软木、聚苯乙烯等;另一种是颗粒状松散的材料,如木屑、糠壳等。聚氨酯喷涂发泡,可以在已经建成的砖或混凝土仓库中进行。当在墙壁上同时喷涂异氰酸酯和聚醚之后,即会发生化学反应而发泡,随之定形后既防潮又隔热。

(二)敷设隔热材料

固定形状的隔热材料在敷设后,能经常维持其原来的状态,持久性良好。松散的颗粒状材料,一般是填充于两层墙壁之间,较难控制填充的密度。因为颗粒之间无固定联系,重力的影响会使其逐渐下沉,使隔热层的上部空虚,形成漏热的渠道,增加冷冻机的负荷。因此,要设法随时补充颗粒材料下沉所形成的空隙,以减少漏热。

敷设隔热材料时,板块材料要分层进行。第一层用胶黏剂加上必要的钉子,牢固地敷设在建筑物的墙壁、天花板和地面上,每块板应与相邻的绝热板紧密连接。第二层板材要紧密黏合在第一层隔热板上,两层板的接头位置必须错开,以免形成热的通道。隔热材料的敷设应使隔热层成为一个完整连续的整体,不能让槅扇、屋梁和支柱等参与到隔热层中,以防破坏隔热层的完整性。

在隔热材料内部,水蒸气的凝结会降低其隔热效能。水蒸气能够通过建材,如砖、木材等,在毛细管的作用下,由表层渗入到墙壁中。愈靠近内层墙,温度愈低,水蒸气逐渐达到饱和,并凝聚成水,积留于绝热层中,降低了隔热材料的隔热性能。同时也使隔热材料受到侵蚀或腐败。因此,在隔热材料的两面与墙壁之间要加一层障障,阻止水分进入隔热材料。用作防潮的材料有塑料薄膜、金属箔片、沥青等。无论何种防潮材料,敷用时均要完全封闭,不能留有任何微细的缝隙,尤其是在温度较高的一面。如果只在隔热层的一面敷设防潮层,就必须敷设在隔热层经常温度较高的一面。

马铃薯贮藏库的温度一般在－1.5～－1℃之间,而地温经常在10～15℃之间。这就意味着一定的热量可由地面不断地向库内渗透。因此,地板也必须敷设隔热层。通常地板的隔热能力要求相当于5cm的软木板。

地面要有一定的强度以承受堆积产品和搬运车辆的重量。采用软木板作隔热材料时,其上下须敷设7～8cm厚的水泥地面和地基。地基下层铺放煤渣或石子,以利排水。机械冷藏库的隔热结构如图6-14所示。

现代冷藏库的结构正向装配式发展,即预制成包括防潮层和隔热层的库体构件,到做好地面的现场组装,其优点是施工方便、快速。然而,其造价较高。

四、冷却系统

机械冷藏库的库内冷却系统(蒸发器的安装方式)一般可分为直接冷却(蒸发)、盐水冷却和鼓风冷却三种。

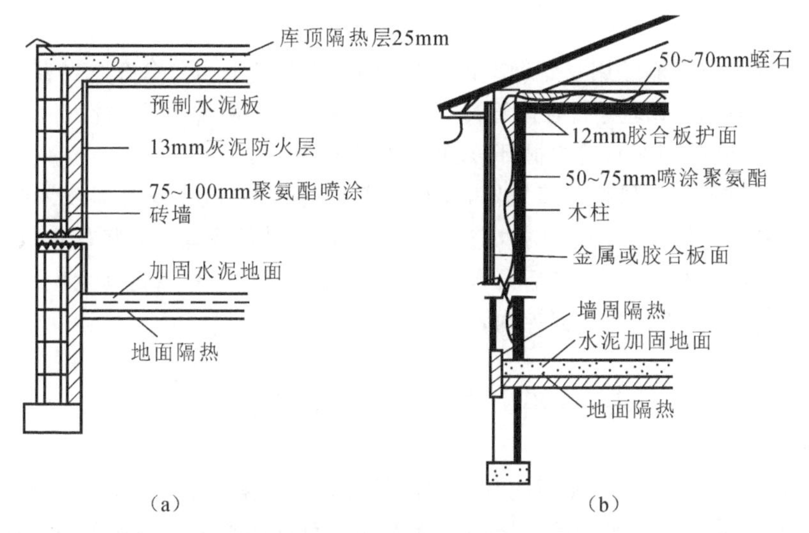

图 6-14　机械冷藏库的隔热结构

(a)砖砌结构;(b)架式结构

(一)直接冷却系统

直接冷却系统也称直接膨胀系统或直接蒸发系统。把制冷剂通过的蒸发器直接装置于库内的天花板下面、产品堆置的上方或靠近墙壁,同时有利于空气流通的地方。通过制冷剂的蒸发将库内空气冷却。蒸发器一般用蛇形管制成,装成壁管组或天棚管组均可。直接冷却系统冷却迅速,降温较低。如以氨直接冷却,可将库温降低到－23℃。该系统宜采用氨或氟利昂作为制冷剂。直接冷却系统的主要优点是降温速度快;缺点是蒸发器结霜严重,要经常冲霜,否则,会影响蒸发器的冷却效果,库内温度不均匀,接近蒸发器处温度较低,远处则温度较高。此外,如果制冷剂在蒸发器或阀门处泄漏,会直接伤害贮藏的产品。

(二)盐水冷却系统

该系统的蒸发器不直接安装在冷库内,而是将其盘旋安置在盐水池内,将盐水冷却之后再输入安装在库内的冷却管组,盐水通过冷却管组循环往复吸收库内的热量,逐步降温。使用20%的食盐水,可使库温降至－16.5℃,若用20%的氯化钙水溶液,则库温可降至－23℃。食盐和氯化钙对金属都有腐蚀作用。此冷却系统的优点是库内湿度较高,有利于产品的贮藏,避免有毒及有味制冷剂向库内泄漏,造成马铃薯或人员伤害。其缺点是由于有中间介质盐水的存在,有相当数量的冷被消耗,要求制冷剂在较低的温度下蒸发,从而加重压缩机的负荷。另外,盐水的循环必须有盐水泵提供动力,增加了电力的消耗。盐水冷却管组的安装一般采用靠壁管组。

(三)鼓风冷却系统

冷冻机的蒸发器直接安装在空气冷却器(室)内,借助鼓风机的作用将库内的空气吸入空气冷却器并使之降温,将已经冷却的空气通过送风管送入冷库内,如此循环不已,达到降低库温的目的。鼓风冷却系统在库内造成空气对流循环,冷却迅速,库内温度和湿度较为均匀一致。在空气冷却器内可进行空气湿度的调节。如果不注意湿度的调节,该冷却系统会加快马铃薯的水分散失。

制冷系统中的蒸发器必须有足够的表面积,使库内的空气与这一冷面充分接触,以使制冷剂与库内空气之温差不致太大。如果两者温差太大,产品在长期贮藏中会造成严重失水,甚至萎蔫。

当库内的湿热空气流经用盘管做成的蒸发器时，空气中的水分会在蒸发器上结霜，在减少空气湿度的同时，会降低空气与盘管冷面的热交换，因此需要有除霜设备。除霜可以用水，也可以使热的制冷剂在盘管内循环，还可以用电热除霜。

具有盐水喷淋装置和风机的蒸发器，没有除霜的问题，但盐水或抗冻液体会被稀释，需适时调整。这种蒸发器是以盐水或抗冻溶液构成冷却面进行冷却。先将盐水或抗冻液喷淋到有制冷剂通过的盘管上冷却，然后泵入中心盐水喷淋装置中，由管道将仓库内空气引入这一中心盐水喷淋装置，冷却后送回库内，循环往复。

任务四　气调贮藏库的建设

气调贮藏的操作管理主要是封闭和调气两部分。气调是创造并维持产品所要求的气体组成；封闭是杜绝外界空气对产品环境的干扰破坏。目前国内外气调贮藏库主要是气调冷藏库。

气调贮藏库既要有机械冷藏库的保温、隔热、防潮性能，还要有气密性和耐压能性，因为气调贮藏库内要达到所需要的特定气体成分，并长时间维持，避免内外气体交换；库内气体压力会随着温度的变化而变化，形成内外气压差。

一、库房的结构

（一）隔热结构

气调贮藏库一般采用预制隔热嵌板建造库房。嵌板两面是表面呈凹凸状的金属薄板（镀锌钢板、镀锌铁板或铝合金板等），中间是隔热材料聚苯乙烯泡沫塑料，采用合成的热固性黏合剂，将金属薄板牢固地黏结在聚苯乙烯泡沫塑料板上。嵌板用铝制呈工字形的构件从内外两面连接，在构件内表面涂满可塑的丁基玛碲脂，使接口处完全地、永久地密封。在墙壁四周、墙壁和天花板等转角处，皆用直角形铝制构件接驳，并用特制的铆钉固定。这种预制隔热嵌板既可以隔热防潮，又可以作为隔气层。地板是在加固的钢筋混凝土的底板上，用一层塑料薄膜（聚苯乙烯等，0.25mm 厚）作为闭密气障膜，一层预制隔热嵌板（地坪专用），再加一层加固的 10cm 厚的钢筋混凝土为地面，如图 6-15所示。为了防止地板由于承受荷载而使密封破裂，在地板和墙的交接处的地板上留一平缓的槽，在槽内也灌满不会硬化的可塑酯（黏合剂）。这种方法具有施工简捷，经济，内外美观、卫生的特点。

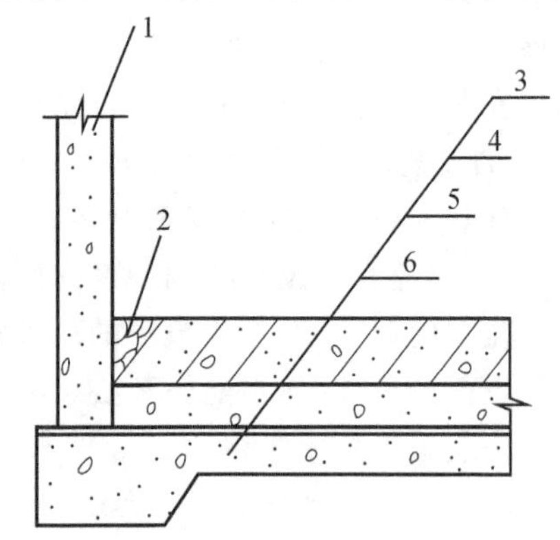

图 6-15　气调贮藏库地坪示意图

1—墙体预制嵌板；2—不凝固胶；3—钢筋混凝土地面；4—预制嵌板（地坪专用）；5—0.25mm 塑料薄膜；6—素混凝土层

（二）气密结构

建成库房后，在内部进行现场壁喷涂泡沫聚氨酯（聚氨基甲酸酯），可获得非常优异的气

密结构并兼有良好的保温性能，在现代气调贮藏库建筑中广泛使用。喷涂 5.0～7.6cm 厚的泡沫聚氨酯可相当于 10cm 厚聚苯乙烯的保温效果。在喷涂前应先在墙面上涂一层沥青，然后分层喷涂，每层厚度约为 1.2cm，直至喷涂达到所要求的厚度。进行气密性测试的方法是：用一个风量为 3.4m^3/min 的离心鼓风机和一倾斜式微压计与库房连接（图 6-16），关闭所有门洞，开动风机，把库房压力提高到 98.1Pa（10mm 水柱）后，停止鼓风机转动，观察库房压力降到 49.0Pa（5mm 水柱）所需要的时间，与图 6-17 中的相应数据进行比较。

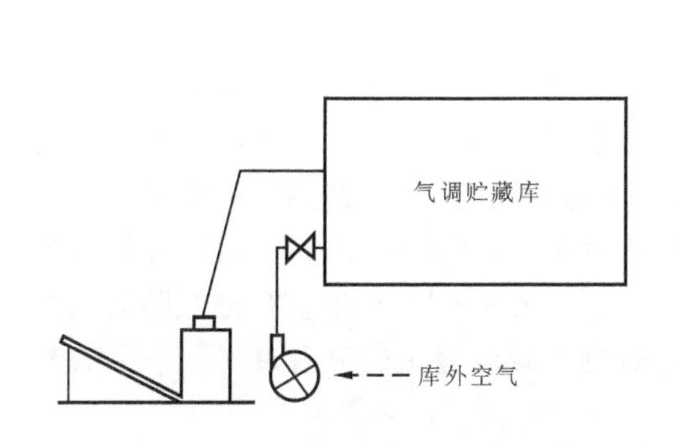

图 6-16　气密性测试装置图

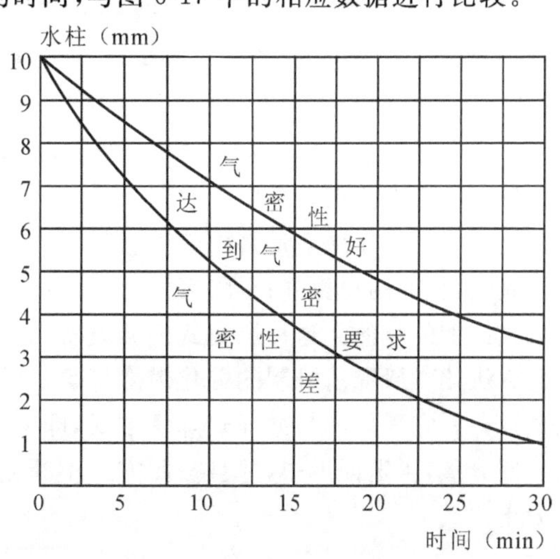

图 6-17　气密性能对照曲线

（三）库门结构

气调贮藏库的库门要做到既可保温，又要完全密封。常有两种做法：第一，只设一道门，门在门框顶上的铁轨上滑动，由滑轮连挂。门的每一边有两个插锁，共 8 个插锁把门拴在门框上。把门拴紧后，在四周门缝处涂上不会硬化的黏合剂密封。第二，设两道门，第一道是保温门，第二道是密封门。通常第二道门很轻巧，用螺钉铆接在门框上，门缝处再涂上玛碲脂加强密封。另外，各种管道穿过墙壁进入库内的部位都需加用密封材料，不能漏气。通常要在门上设观察窗和手洞，方便观察和检验取样。

（四）气压袋设计

气调库运行过程中，由于库内温度波动或者气体调节会引起压力的波动。当库内外压力差达到 58.8Pa 时，必须采取措施释放压力，否则会损坏库体结构。具体方法是：安装水封装置（图 6-18），当库内正压超过 58.8Pa 时，库内气体通过水封溢出；当库内负压超过 58.8Pa时，库外的空气通过水封进入库内，自动调节库内外压力差不超过 58.8Pa。

二、主要设备

气调设备主要包括制氮设备、二氧化碳清除装置、乙烯脱除装置。常用的制氮设备有燃烧式气调设备、碳分子筛气调机和中空纤维膜制氮机。目前，碳分子筛气调机使用得较为广泛。常用的二氧化碳清除装置有 NaOH 洗涤器、消石灰吸收器、活性炭吸收器等，其作用是将多余的二氧化碳除去。气调贮藏过程中及时清除环境中的乙烯显得特别重要，采用饱和高锰酸钾溶液或溴化活性炭可以有效地除去环境中的乙烯。

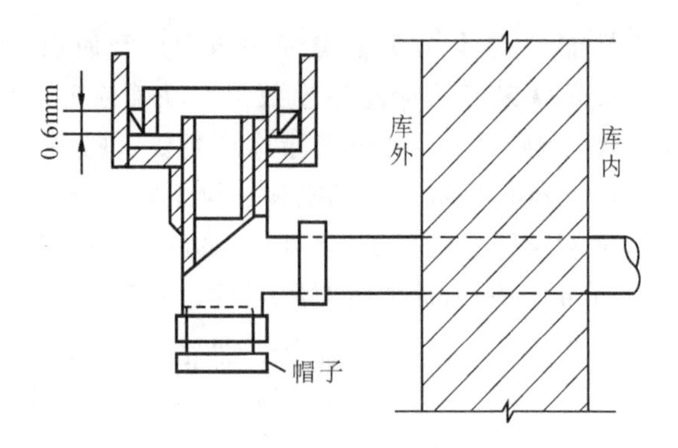

图 6-18　水封装置

（一）燃烧式气调设备

此设备的工作原理是将丙烷等燃料引入氮气发生器中，经催化剂作用，燃烧时消耗空气中的氧气，从而制得氮气；再将氮气充入气调贮藏库或气调大帐中，从而达到降低贮藏环境中氧气比例的目的。这种燃烧式气调设备的型号虽多，但工作原理大体相同。中国科学院山西煤炭化学研究所研制的催化燃烧降氧机（即氮气发生器，图 6-19）即为国内较好的气调贮藏设备。它采取的是循环式降氧方式，即将气调库中或大帐内原有的空气，通过降氧机去除一部分氧，再送回库中，并且按此方式不断循环，直到贮藏环境中的氧含量降到预定的要求为止。

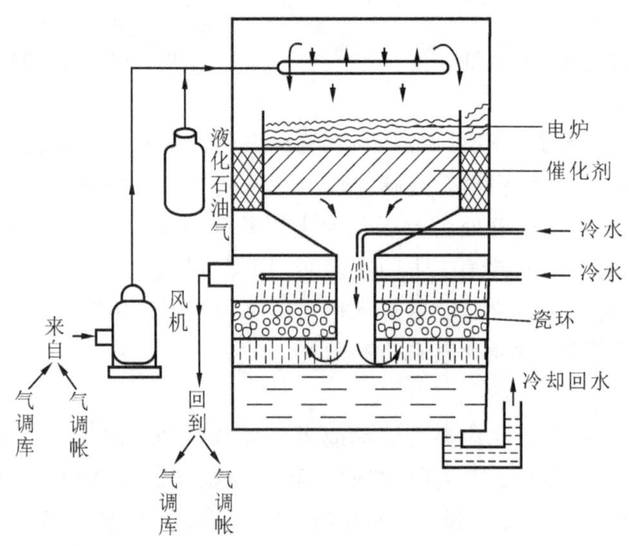

图 6-19　催化燃烧降氧机示意图

由于使用上述燃烧式气调设备，以及贮藏环境中马铃薯进行呼吸作用都释放了二氧化碳，过多的二氧化碳会对马铃薯产生危害，因此应及时予以脱除。目前，国内已研制成功了二氧化碳脱除装置。它的原理是使含有二氧化碳的气体通过活性炭，二氧化碳被吸附，当活性炭饱和后，再把新鲜空气吹入，使活性炭再生，重复使用。

（二）碳分子筛气调机

吉林省石油化工设计研究院研制的碳分子筛气调机已于 20 世纪 80 年代首先在番茄贮藏中应用，其后又由中国船舶工业总公司研制生产。到目前为止，这种设备已经由工业部门

定型生产，并在果蔬贮藏中广泛应用。这种设备的工作原理是：根据焦炭分子筛对不同分子吸附力的大小，对气体的成分进行分离。当高压空气被送进吸附塔，并通过塔内的碳分子筛时，直径较小的氧分子先被吸附到分子筛的孔隙中；而直径较大的氮分子被富集并送入气调库或气调帐内，进行置换空气而降氧；当第一个吸附塔内的碳分子筛吸附饱和以后，另一个塔就会启动工作，第一个吸附塔内的氧分子即会被真空泵减压脱附。其流程图如图 6-20 所示。

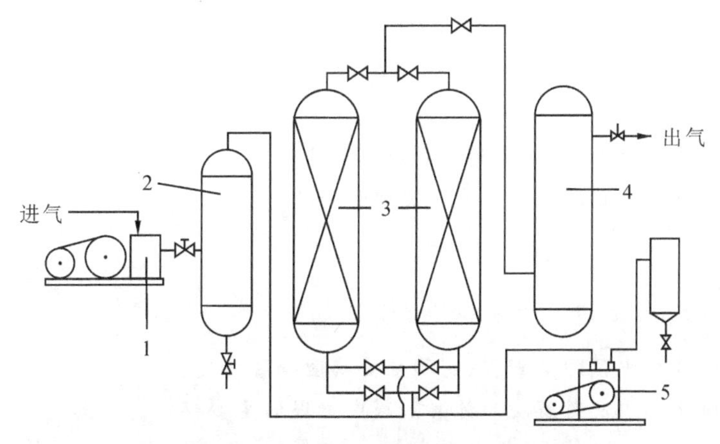

图 6-20　碳分子筛气调机流程图

1—空压机；2—除油塔；3—吸附塔；4—贮气塔；5—真空泵

碳分子筛气调机较燃烧式气调设备的投资虽然大一些，但这种气调设备不但可以降低气调贮藏环境中的氧含量，而且可以脱除多余的二氧化碳和乙烯，不需要另设二氧化碳脱除装置，还能对所设定的气体指标进行严格控制，贮藏效果较好。

气调贮藏库内的制冷负荷要比一般的冷库大，因为装货集中，要求在很短的时间内将库温降到适宜贮藏的温度。气调贮藏库还有湿度调节系统、气体循环系统以及气体、温度和湿度的分析测试记录系统等。这些都是气调贮藏库的常规设备。

思考与练习

1. 贮藏窖的选址要求及建设特点是什么？
2. 简述通风库库址选择和通风系统的要求。
3. 简述机械冷藏库库址选择和隔热结构的要求。
4. 简述气调贮藏库库址选择和设备的要求。

项目七　马铃薯贮藏中的主要病害及其预防

知识目标

1. 掌握马铃薯发生冷害、冻害的主要原因和症状。
2. 掌握马铃薯主要病理病害的主要原因和症状。

技能目标

1. 能在贮运过程中预防冷害、冻害和主要病理病害的发生。
2. 会运用所学知识及时解决马铃薯贮藏中出现的主要病害。

马铃薯采后的病害可分为两大类:非传染性病害和传染性病害。前者是由于环境条件恶劣或营养不良引起的马铃薯产品生理的病变,又称为生理失调或生理病害;后者则是由于病原微生物的侵染引起马铃薯产品腐烂,也称为病理病害。

任务一　马铃薯采后的生理病害

马铃薯采后的生理病害主要是指非病原微生物引起马铃薯成熟(衰老)的正常生理代谢紊乱,造成组织结构、色泽和风味发生不正常的变化,因而降低马铃薯产品的食用品质和经济价值。常见的症状有褐变、黑心、干瘪、斑点、组织水浸状等。马铃薯采后的生理病变包括温度失调、呼吸代谢失调、营养失调和其他生理失调。常见主要有以下几种。

一、温度失调

温度失调主要有冷害、冻害或高温伤害。

(一)冷害

冷害是马铃薯产品贮藏中一种常见的生理病害。冷害是贮藏的温度低于产品最适贮温的下限所致,它本质上又不同于冻害。冷害发病的温度在组织的冰点之上,是指0℃以上的不适低温对马铃薯造成的伤害。冷害可能发生在田间或采后的任何阶段,马铃薯受冷害的临界温度是0℃左右。

1. 症状

受冷害的马铃薯往往外部无明显症状,内部薯肉发灰。表现症状是煮食时产生不愉快的甜味,颜色由灰转暗。冷害程度较重时表现出表皮出现凹凸斑,韧皮层局部或全部变色,横剖块茎,切面有一圈或半圈韧皮部呈黑褐色,严重时四周或中央的薯肉变褐,进而腐烂。

如果变褐发生在中央，则易与生理性的黑心病混淆。实际生产中，大部分冷害症状在低温环境或冷库内不会立即表现出来，而是产品运输到温暖的地方或销售市场才显现出来。因此，冷害所引起的损失往往比所预料到的更加严重。

2. 冷害机理

果实处于临界低温时，其氧化磷酸化作用明显降低，引起以 ATP 为代表的高能量短缺，细胞组织因能量短缺分解，细胞膜透性增加，结构系统瓦解，功能被破坏，在角质层下面积累了能穿过渗透性膜的有毒的挥发性代谢产物，导致块茎表面产生干疤、异味和增加腐烂的易感性。

所以预防冷害发生的方法是贮藏温度要高于冷害临界温度。

3. 冷害的影响因素

(1)品种。不同品种的冷害敏感性差别很大。

(2)贮藏温度和时间。一般来说，在临界温度以下，贮藏温度越低，冷害发生越快；温度越高，耐受低温而不发生冷害的时间越长。

(3)湿度。贮藏于高湿环境中，特别是相对湿度为 100%时，会显著抑制块茎冷害时表皮和皮下细胞崩溃，冷害症状减轻。低湿加速症状的出现。如果出现水渍状斑点或发生凹陷，由于脱水温度低，会加速冷害发生。

(4)气体成分。对大多数产品来说，适当提高 CO_2浓度和降低 O_2浓度可在某种程度上抑制冷害，一般认为 O_2浓度为 10%时最安全，CO_2浓度过高也会诱导冷害发生。

(5)化学药物。有些药物会影响产品对冷害的抗性，如 Ca^{2+} 含量越低，产品对冷害越敏感。

4.冷害的控制

(1)提高马铃薯的成熟度。提高马铃薯的成熟度可降低对冷害的敏感性。

(2)提高马铃薯贮藏环境的相对湿度。

(3)调节气调贮藏气体的组成。适当提高 CO_2浓度、降低 O_2浓度，有利于减轻冷害。

(二)冻害

1. 症状

冻害是马铃薯处于冰点以下，因组织冻结而引起的一种生理病害。对马铃薯的伤害主要是原生质脱水和冰晶对细胞的机械损伤，引起细胞组织内有机酸和某些矿质离子浓度增加，导致细胞原生质变性、组织损伤、代谢失调。马铃薯受到冻害后，块茎外部出现褐黑色的斑块，薯肉逐渐变成灰白色、灰褐色，直至褐黑色，由于代谢失调而有异味，解冻后汁液外流，薯肉软化、水烂，严重者会导致腐烂变质，因为受冻的马铃薯易被各种软腐细菌、镰刀菌侵害。如果是局部受冻，则与健康组织界线分明。受冻造成的失水变性为不可逆的，产品严重冻害，在解冻后也不能恢复原状，从而降低商品和食用价值。

2. 影响因素

马铃薯是否容易发生冻害，与其冰点有直接关系。冰点是指马铃薯组织中水分冻结的温度，一般为 1.7～－1.4℃。由于细胞液中有一些可溶性物质(主要是糖)存在，马铃薯产品的冰点一般比水的冰点(0℃)要低，其可溶性物质含量越高，冰点越低。在马铃薯的贮藏过程中，只有对不同品种的马铃薯保持适宜而恒定的低温，才能达到保鲜目的。

冻害的发生需要一定的时间，如果贮藏温度只是稍低于马铃薯块茎的冰点，且时间很短，冻结只限于细胞间隙内的水分结冰，细胞膜没有受到机械损伤，原生质没有变质，这种轻微冻害的危害不大，采用适当的解冻技术，细胞间隙的冰又逐渐融化，被细胞重新吸收，细胞可以恢复正常。但是，如果温度低于冰点且时间较长，细胞内水分外渗到细胞间隙内结冰，损伤了细胞膜，原生质发生不可逆凝固(变性)，加上冰晶体机械伤害，即使马铃薯外表不表现冻害症状，马铃薯也很快败坏，解冻后不能恢复原来的新鲜状态，风味也遭受影响。

3. 冻害的控制

马铃薯属于受冷害敏感的果蔬种类。首先要掌握产品贮藏的最适温度，将产品在适温下贮藏，严格控制环境温度，避免产品长时间处于冰点以下。如果管理不善，发生轻微冻害，应注意以下两点。

(1)解冻过程应缓慢进行，一般认为在4.5～5℃下解冻较为适宜。

(2)在解冻前切忌随意搬动，以防止遭受机械伤害。温度过低，附着于细胞壁的原生质吸水较慢，冰晶体在组织内保留时间过长会伤害组织。温度过高，解冻过快，融化的水来不及被细胞吸收，细胞壁有被撕裂的危险。

(三)高温伤害

马铃薯对高温的忍耐有一定的限度，超过最高温度，产品会出现热伤。热伤使细胞器变形，细胞壁失去弹性，蛋白质凝固，细胞迅速死亡，表现为产生凹陷或不凹陷的不规则形褐斑，内部全部或局部变褐、软化、淌水等症状。采前的高温伤害表现为日灼、日烧和裂口，是马铃薯暴露在阳光下的强热所致。采后的高温伤害导致马铃薯产品失水萎蔫和呼吸代谢失调。因此，马铃薯采后应尽快运到室内进行降温、预冷、防腐保鲜和包装等处理，以减少不必要的高温伤害。

二、呼吸代谢失调

呼吸代谢失调是马铃薯产品在不恰当的气体环境中正常的呼吸代谢受阻而造成的伤害，常见的有低氧伤害和高二氧化碳伤害。

(一)低氧伤害

氧气可加速马铃薯的呼吸和衰老，降低贮藏环境中的O_2浓度，可抑制呼吸并推迟马铃薯内部有机物质消耗，延长保鲜寿命。但O_2浓度过低，当贮藏环境浓度低于2%时，会导致马铃薯块茎呼吸失常和产生无氧呼吸，无氧呼吸的中间产物(如乙醚、乙醇等物质)在细胞组织内逐渐积累可造成中毒，引起代谢失调，进而使马铃薯的风味品质恶化。发生低氧伤害的马铃薯表皮坏死的组织因失水而局部塌陷，组织褐变、软化，产生酒味和异味，如低氧条件下马铃薯的“黑心病”。马铃薯产品对低氧的忍耐力因品种而异，一般O_2浓度不能低于2%。马铃薯产品在低氧条件下的存放时间越长，伤害就越严重。

(二)高二氧化碳伤害

高二氧化碳伤害也是马铃薯贮藏期间常见的一种生理病害。二氧化碳作为植物呼吸作用的产物在新鲜空气中的含量只有0.03%，当二氧化碳浓度超过10%时，会抑制线粒体的琥珀酸脱氢酶系统，影响三羧酸循环的正常进行，导致丙酮酸向乙醛和乙醇转化，使乙醛和乙醇等挥发性物质积累，引起组织伤害和风味品质恶化。

高二氧化碳伤害最明显的特征是马铃薯引起黑心和降低种薯的发芽率。因此，气调贮藏期间，或运输过程中，或包装袋内，都应根据不同品种的特性控制适宜的氧和二氧化碳浓

度，否则就会导致呼吸代谢紊乱而出现生理伤害，这种伤害在较高的温度下更为严重，因为高温加速了块茎的呼吸代谢。

三、营养失调

营养物质亏缺也会引起马铃薯的生理失调。因为营养元素直接参与细胞的结构和组织的功能，如钙是细胞壁和膜的重要组成成分，缺钙会导致生理失调、褐变和组织崩溃。因此，加强田间管理，做到合理施肥和灌水、采前喷营养元素，对防止营养失调非常重要。

四、其他生理失调

（一）衰老

衰老是果实采后的生理变化过程，也是贮藏期间常见的一种生理失调症。根据不同马铃薯品种的生理特性，适时采收，适期贮藏，对保持马铃薯产品固有的品质非常重要。

（二）二氧化硫（SO_2）毒害

SO_2通常作为一种杀菌剂被广泛地用于马铃薯的采后贮藏，如库房消毒、熏蒸杀菌或浸渍包装箱内纸板防腐。但处理不当，容易造成马铃薯中毒。被伤害的细胞内淀粉粒减少，干扰细胞质的生理作用，破坏叶绿素，使组织发白。

（三）乙烯毒害

乙烯是一种催熟激素，能增加呼吸强度，促进代谢过程，加速果实成熟和衰老，被用作果实（番茄、香蕉等）的催熟剂。如果乙烯使用不当，马铃薯也会出现中毒，表现为果色变暗，失去光泽，出现斑块，并软化腐败。

任务二　马铃薯采后的病理病害

新鲜马铃薯产品采后品质下降受诸多因素的影响，其中病害是最主要的原因。据报道，发达国家有10%～25%的新鲜果蔬产品损失于采后的腐烂，在缺乏贮运冷藏设备的发展中国家，其腐损率高达30%～50%。

一、主要病原菌

引起马铃薯采后腐烂的病原菌有真菌和细菌两大类，其中真菌是最主要和最流行的病原微生物，它侵染广、危害大，是造成马铃薯在贮藏运输期间损失的重要原因。水果贮运期间的传染性病害几乎全由真菌引起，这可能与水果组织多呈酸性有关。而叶用蔬菜的腐烂，细菌是主要的病源。

（一）真菌

真菌是生物中一类庞大的群体，果蔬采后的病原真菌以霉菌为主，营养阶段为菌丝体，无性孢子是主要的传染源。表现的症状有组织变色、斑块、腐败、干缩、变质等。引起马铃薯采后病害的病原真菌主要有以下几类：

1. 鞭毛菌亚门

鞭毛菌亚门主要有腐霉菌、疫霉菌和霜疫霉菌，引起绵腐病、疫病和霜疫霉病等。

2. 接合菌亚门

接合菌亚门主要有根霉、毛霉、笄霉菌，引起软腐病、毛霉病和笄霉病。

3. 子囊菌亚门

子囊菌亚门主要有小丛壳、长啄壳、囊孢壳、间座壳、核盘菌和链核盘菌，引起许多蔬菜产品的炭疽病、焦腐病、蒂腐病、褐腐病、黑腐病等。

4. 担子菌亚门

担子菌亚门没有果蔬贮藏期间的重要病原真菌，仅有亡革菌引起草莓干腐病和菜豆荚腐病；小核菌引起梨干腐病和韭黄烂叶病。

5. 半知菌亚门

半知菌亚门主要有地霉、葡萄孢霉、木霉、青霉、曲霉、镰刀菌等，包括了引起水果、蔬菜采后腐烂的主要病原菌。可引起灰霉病、青绿霉病、酸腐病、褐腐病、炭疽病、焦腐病、黑斑病等。

(二)细菌

细菌是原核生物，单细胞。植物细菌病害的症状可分为组织坏死、萎蔫和畸形。引起蔬菜采后腐烂的细菌主要是欧氏植病杆菌中的一个亚种：软腐病杆菌引起蔬菜的软腐病；黑胫病杆菌引起马铃薯的黑胫病和叶菜的黑腐病。另外，边缘假单胞杆菌引起芹菜、莴苣和甘蓝腐烂；枯草芽孢杆菌在30～40℃下引起番茄软腐；多黏芽孢杆菌在37℃下引起马铃薯、洋葱和黄瓜腐烂。一些低温的锁状芽孢杆菌可使马铃薯腐烂。

二、病菌的侵染过程

病菌的侵染过程从时间上可分为采前侵染(田间感染)、采收时侵染和采后侵染；从侵染方式上则分为直接侵入、自然孔口侵入、伤口侵入等。了解病菌侵染的时间和方式对制定防病措施是极为重要的。

(一)采前侵染

有许多病原菌在田间或生长期间就侵入马铃薯块茎，长期潜伏在内，并不表现症状，直到果实成熟采收和环境条件适合时才发病。这类病害的防治主要应加强采前的田间管理，清除病源，减少侵染，对控制马铃薯块茎采后病害的发生非常重要。

1. 直接侵入

直接侵入是指病原菌直接穿透马铃薯器官的保护组织(角质层、蜡层、表皮、表皮细胞)或细胞壁的侵入方式。直接侵入会分泌毒素，破坏果皮组织，引起果实腐烂。许多真菌、线虫等都具有这种能力，如炭疽菌和灰霉病菌等。这类病害在贮藏期间的蔓延迅速，危害十分严重。

2. 自然孔口侵入

自然孔口侵入是指病原菌从马铃薯的气孔、皮孔、水孔、芽眼、柱头、蜜腺等孔口侵入的方式，其中以气孔和皮孔最重要。真菌和细菌中相当一部分都能从自然孔口侵入，只是侵入部位不同，如马铃薯软腐病菌从皮孔侵入等。

3. 伤口侵入

伤口侵入是指病原菌从马铃薯表面的各种伤口(包括收获时造成的伤口，采后处理、加工包装以及贮运装卸过程中的擦伤、碰伤、压伤、刺伤等机械伤口，虫口等)侵入的方式。这

是马铃薯贮藏病害的重要侵入方式。马铃薯贮藏期间的病害都与各种伤害紧密相关，因为新鲜伤口的营养和湿度为病菌孢子的萌发和入侵提供了有利条件。冷害的冻伤、昆虫的虫伤、采收时的机械伤，以及贮运过程中的各种碰伤、擦伤等都是病菌入侵的门户。如青霉属、根霉属、葡萄孢霉属、地霉属和欧氏杆菌属都是从伤口入侵；而冻伤则加速各种腐烂病的发生。

（二）采收时侵染和采后侵入

产品采后侵染的大部分病害是从表皮的机械损伤和生理损伤组织侵入。在采收、分级、包装、运输过程中，机械损伤是不可避免的，机械采收较手工采收会造成更大的损伤。过度挤压使马铃薯表皮组织、皮孔和损伤部位潜伏的病原菌恢复生长。冷、热、缺氧、药害及其他不良的环境因素所引起的生理损伤，使新鲜马铃薯块茎失去抗性，病原菌容易侵入。如马铃薯在贮藏过程中发生冷害，即使没有显现冷害症状，采后病害也会骤然增加。

许多病菌的生活周期在田间完成，采前以孢子形式存在产品表面，采后环境条件适宜时孢子萌发，通过伤口或皮孔直接侵入，迅速发病，引起果实腐烂。因此，采后防腐处理（药剂、辐射、热水浸泡等）是防治这类病害的主要措施。

三、影响发病的因素

传染性病害的发生是寄主和病原菌在一定的环境条件下相互斗争，最后导致产品发病的过程，并经过进一步的发展而使病害扩大和蔓延。病害的发生与发展受三个因素影响和制约，即病原菌、寄主的抗性和环境条件。当病原菌的致病力强，寄主的抵抗力弱，环境条件有利于病菌生长、繁殖和致病时，病害就严重；反之，病害就受抑制。

（一）病原菌

病原菌是引起马铃薯病害的病源，由于病菌具有各自的生活周期，许多贮藏病害都源于田间的侵染。因此，可通过加强田间的栽培管理，清除病枝、病叶，减少侵染源，同时，配合采后药剂处理来达到控制病害发生的目的。

（二）寄主的抗性

影响马铃薯块茎抗性的因素主要有成熟度、伤口和生理病害。一般来说，没有成熟的块茎有较强的抗病性，但随着块茎成熟度的增加，感病性也增强。伤口是病菌入侵块茎的主要门户，有伤的果实极易感病。块茎产生生理病害（冷害、冻害、低氧或高二氧化碳伤害）后对病菌的抵抗力降低，也易感病，发生腐烂。

（三）环境条件

影响发病的环境条件主要是温度、湿度和气体成分。

1. 温度

病菌孢子的萌发力和致病力与温度的关系极为密切。病菌生长的最适温度一般为20～25℃，过高或过低对病菌都有抑制作用。在病菌与寄主的对抗中，温度对病害的发生起着重要的调控作用。温度一方面影响病菌的生长、繁殖和致病力，另一方面也影响寄主的生理、代谢和抗病性，从而制约病害的发生与发展。一般而言，较高的温度加速块茎衰老，降低块茎对病害的抵抗力，有利于病菌孢子的萌发和侵染，从而加重发病。相反，较低的温度能延缓块茎衰老，保持块茎的抗性，抑制病菌孢子的萌发与侵染。因此，贮藏温度的选择一般以不引起块茎产生冷害的最低温度为宜，这样能最大限度地抑制病害发生。

2. 湿度

湿度也是影响发病的重要环境因子，如果温度适宜，较高的湿度将有利于病菌孢子的萌发和侵染。尽管在贮藏库里的相对湿度达不到饱和，但贮藏的块茎上常有结露，这是因为当块茎的表面温度降低到库内露点以下时，块茎表面就形成了自由水。在这种高湿度的情况下，许多病菌的孢子能快速萌发，直接侵入块茎，引起发病。要减少马铃薯产品表面结露，必须充分预冷。

3. 气体成分

低氧和高二氧化碳对病菌的生长有明显的抑制作用。块茎和好氧菌的正常呼吸都需要氧气，当空气中的氧气浓度降到5%或以下时，对抑制块茎呼吸，保持块茎品质和抗性非常有利。空气中的氧气浓度控制在2%时，对灰霉病、褐腐病和青霉病等病菌的生长有明显的抑制作用。高二氧化碳浓度(10%～20%)对许多采后病菌的抑制作用也非常明显。当二氧化碳的浓度大于25%时，病菌的生长几乎完全停止。由于马铃薯块茎在高二氧化碳浓度下存放时间过长要产生毒害，因此一般采用高二氧化碳浓度短期处理以减少病害发生。另外，块茎呼吸代谢产生的挥发性物质(乙醛等)对病菌的生长也有一定的抑制作用。

四、病害的防治方法

侵染性病害的防治是在充分掌握病害发生、发展规律的基础上，抓住关键时期，以预防为主，综合防治，多种措施合理配合，以达到防治病害的目的。

(一)农业防治

农业防治是指在马铃薯生产中，采用农业技术，创造有利于马铃薯生长发育的环境，增强产品本身的抗病能力，同时创造不利于病原菌活动、繁殖和侵染的环境条件，减轻病虫害发生程度的防治方法。该方法是最经济、最基本的植物病虫害防治方法，也不涉及残毒问题。常用的措施有无病育苗、保持田间卫生、合理施肥与排灌、适时采收、利用与选用抗病品种等。

(二)物理防治

马铃薯采后病害的物理防治主要是控制贮藏温度和气体成分，以及采后热处理或辐射处理。

1. 低温贮藏

马铃薯贮藏、运输、销售过程中的损失表现在病原菌危害引起的腐烂损失、蒸发引起的重量损失、生理活性自我消耗引起的养分及风味变化造成商品的品质损失三个方面。温度是以上三大损失的主要影响因素，低温可以明显地抑制病菌孢子的萌发、侵染和致病力，同时还能抑制块茎呼吸和生理代谢，延缓衰老，提高块茎的抗性。因此，马铃薯块茎采后贮藏温度的确定以不产生冷害的最低温度为宜。

2. 气体成分

低氧和高二氧化碳贮藏环境对马铃薯块茎采后病害都有明显的抑制作用，特别是高二氧化碳处理对防治某些贮藏病害十分有效。

3. 热处理

大量的实验证明，热处理可以有效地抑制马铃薯采后病害。热处理有利于保持果实硬度，加速伤口的愈合，减少病菌侵染。同时，在热水中加入适量的杀菌剂或$CaCl_2$还有明显

的增效作用。热处理的方法分为热水浸泡和热蒸汽处理。

4. 辐射处理

^{60}Co 或 ^{137}Cs 产生的 γ 射线直接作用于生物体大分子，产生电离、激发、化学键断裂，使某些酶的活性降低或失活，膜系统结构破坏，引起辐射效应，从而抑制或杀死病原菌。据报道，用 67～126Gray 的 ^{60}Co 产生的 γ 射线照射马铃薯，有明显的抑芽作用。254nm 的短波紫外线可诱导果蔬产品的抗性，延缓果实成熟，减少对灰霉病、软腐病、黑斑病等的敏感性。电子加速器产生的射线是带负电的高速电子流，穿透力弱，用于果实的表面杀菌。X 射线管产生的 X 射线能量很高，可穿透较厚的组织，也用于果蔬采后的防腐处理。另外，利用高频电离辐射，使两个电极之间的外加电流高压放电，产生臭氧，对果蔬表面的病原微生物有一定的抑制作用。

（三）化学防治

化学防治是通过化学药剂进行熏蒸、喷洒或浸泡马铃薯块茎直接杀死病原菌的方法。化学药剂一般具有内吸或触杀作用，使用方法有喷洒、浸渍和熏蒸。目前生产上常用的化学杀菌药剂如表 7-1 所示。

表 7-1 采后常用的化学杀菌药剂

名称	使用浓度（mg/kg）	使用方法	应用范围
联苯	100	浸纸或纸垫、熏蒸	柑橘青霉、绿霉、褐色蒂腐、炭疽等病
仲丁胺（2AB）	200	洗、浸、喷果及熏蒸	柑橘青霉、绿霉、蒂腐、炭疽等病
联苯酚钠（SOPP）	0.2%～2%	浸纸垫、浸果	柑橘青霉、绿霉、褐色蒂腐、炭疽等病
多菌灵	1 000	浸果	柑橘青霉、绿霉
甲基托布津	1 000	浸果	柑橘青霉、绿霉
抑霉唑	500～1 000	浸果	青霉、绿霉、蒂腐、焦腐等病
特克多（TBZ）	750～1 500	浸渍、喷洒	灰霉、褐霉、青霉、绿霉、蒂腐、焦腐等病
乙膦铝（疫霉灵）	500～1 000	浸渍、喷洒	霜霉、疫霉等病
瑞毒霉（甲霜灵）	600～1 000	浸渍、喷洒	对疫病特有效
扑海因（咪唑霉）	500～1 000	浸渍、喷洒	褐腐、黑腐、蒂腐、炭疽、焦腐等病
普克唑	1 000	浸渍、喷洒	青霉、绿霉、黑腐等病
SO_2	1%～2%	熏蒸、浸纸或纸垫	灰霉、霜霉等病

（四）生物防治

生物防治是近年来研究较多的防病新方法。由于化学农药对环境和农产品的污染直接影响人类的健康，世界各国都在探索能代替化学农药的防病新技术。生物防治是近年来被证明很有成效的新途径，它主要是利用微生物之间的颉颃作用，选择对农产品不造成危害的微生物来抑制引起果实采后腐烂的病原真菌的生长。一般来说，理想的颉颃菌应具有如下特点：

（1）具有以较低的浓度在马铃薯表面生长和繁殖的能力。

（2）能与其他采后处理措施和化学药物相容，甚至在低温和气调环境下也有效。

(3)能利用低成本培养基进行大规模生产。

(4)遗传性稳定。

(5)具有广谱抗菌性,不产生对人有害的代谢产物。

(6)抗杀虫剂,对寄主不致病等。

尽管生物防治从实验室的研究到生产上的应用是一个艰难的历程,但采后马铃薯病害的生物防治则易于实施,一是采后环境可以控制和维持,不像田间的环境条件变化万千,不可预测;二是颉颃菌的抗菌能力可通过采后处理的一些措施得到加强;三是采后马铃薯块茎价值相对较高,与田间生物防治相比,成本低,效果好;四是对鲜销马铃薯来说,控制病害的时间也不太长。

(五)综合防治

马铃薯产品采后病害的有效防治是靠综合技术措施的应用,它包括采前的田间管理和采后的系列配套处理技术。采前的田间管理包括合理的施肥、灌水、喷药,适时采收,这对提高马铃薯的抗病性,减少病原菌的田间侵染十分有效。采后的处理则包括及时预冷,对病、虫、伤马铃薯的清除,防腐保鲜药剂的应用,包装材料的选择,冷链运输,选定适合马铃薯产品生理特性的贮藏温度、湿度、氧和二氧化碳浓度,以及确立适宜的贮藏时期等,对延缓衰老、减少病害、保持果实风味品质都非常重要。

五、主要病害实例

马铃薯采后的病害主要有环腐病、晚疫病、疮痂病、干腐病、黑点病、软腐病、坏疽病、黑痣病、银腐病、皮斑病、条斑病等几大类。很多病害在马铃薯生长期间都可能出现一定的症状,有的会影响其商品性(外观),有的会引起腐烂,这些病害可分为以下类型。

(一)影响外观的病害

1. 疮痂病

这是一种细菌性病害。它严重影响块茎质量,使块茎失去商品性。块茎表面先产生褐色小点,扩大后形成褐色圆形或网状或不规则形大斑块,因产生大量木栓化细胞致表面粗糙,后期中央稍凹陷或凸起,好像薯块上长的疮疤(故称之为疮痂病)。它们从大小到形状都不同,但通常是圆形,而且直径不超过 10mm。它们可以相互结合,所以使得块茎表面大部分被感染。

2. 黑痣病

这是一种真菌性病害,在块茎表面上形成各种大小和形状不规则的、坚硬的深褐色菌核(真菌休眠体)。可能在茎基部形成白色的菌丝体,对植株危害不大。

3. 粉痂病

这是一种真菌性病害。初期症状是在块茎表面出现小的淡颜色的水疱状突起,在后期这些突起变成黑色、2~10mm 或稍大一些的开放式小疱,包括一些褐色粉状孢子群落。尽管病斑在形状上有差异,但大多呈圆形,并镶嵌于破裂的表皮之间。

以上三种病害一般在贮藏期间不会进一步发展。而以下三种病害则会在贮藏期间进一步发展。

4. 黑点病

这是一种真菌性病害,主要造成马铃薯地下部分腐烂,有时容易与黑痣病或茎溃疡相混

淆。它在腐烂的茎或块茎上形成一种细小的、黑色的点状真菌体。

5. 银腐病

这是一种真菌性病害,它不仅引进块茎重量损失,而且造成商品性下降。其症状是块茎基部出现小的、淡褐色或淡灰色的革质状的斑点,斑点颜色发亮,银色,当块茎湿润时,可以在表面进一步扩大。由于病斑破坏了周皮,导致块茎容易失水和腐烂。

6. 皮斑病

这是一种真菌性病害,一般需要贮藏2个月后才会感染块茎组织,出现病斑。病斑一般四周稍凹陷下去,中间凸出来,可以是单个的,也可能是成群的。病斑分布在芽眼和匍匐茎周围,破坏表皮,而且在贮藏期间可以传播。皮斑病有时可能会与未发育成熟的粉痂病相混淆。

(二)引起腐烂的病害

1. 晚疫病

这是一种真菌性病害。

2. 软腐病

这是一种细菌性病害。

3. 坏疽病

这是一种真菌性病害。

4. 干腐病

这是一种细菌性病害。

(三)内部缺陷

1. 条斑病

这是由马铃薯帚顶病毒(PMTV)或马铃薯烟草脆裂病毒(TRV)引起的一种内部变色,薯肉中出现长条形褐色斑块。

2. 马铃薯卷叶病毒

马铃薯感病严重时,薯肉中会出现褐色斑块。

3. 擦伤

当收获薯块掉落或局部受压时,会造成擦伤损害,薯肉就会发生褐变。这种损伤只有在刮皮后才能看见。薯块越大,温度越低,薯块被擦伤的风险就越高。因此,要仔细收获,薯块下落高度应不超过30cm,运输机运行速度不超过30m/min,并在卸车时使用阻断器防止薯块快速滚落。

4. 空心

薯块空心往往是在一段时间的低温和干旱之后,块茎快速生长引起的,尤其是水、肥条件很优越时,引起内部空洞或空心,在大的块茎中更容易发生,一般不会造成块茎发生腐烂,但商品价值降低。切开块茎,在块茎中央可以看到棕色或者不规则的棕色空腔。相对来说,薯块空心容易发生在沙质土壤中。不同品种对空心的敏感度不同。

5. 块茎畸形和裂薯

干湿交替的土壤条件会造成二次生长或不规则生长,最后导致块茎畸形。干旱会促进薯块早熟。在经历一段时间的干旱后,供应充足的水分,只有薯块的顶端或芽眼周围部位会继续生长。这会分别造成瓶颈状和葫芦状块茎的产生。氮肥对块茎畸形的发生有促进作用。大块茎发生变形的机会比小块茎多。

干旱之后立即充足供水可能导致裂薯。裂薯后的薯块会继续生长，并在伤口上形成新的表皮。丝菌核或网斑型疮痂病也可能导致裂薯。不同品种对裂薯的敏感性差异较大。

6. 内生芽

芽眼发出的芽向块茎内生长，芽的顶部坏死、发褐。当贮藏温度在12.8℃以上时，容易发生这种现象。贮藏期间马铃薯施用CIPC或堆放过高，到后期也可能出现这一现象。

7. 闷生小薯

闷生小薯是在播种之后还未出苗就形成的小块茎。这是种薯生理性衰老引起的，与贮藏期高温和反复发芽有关。休眠期短的品种在经过一段高温之后会快速生理老化，闷生小薯就更容易发生。

8. 绿皮薯

薯块暴露在空气中会形成绿皮薯，此时，叶绿素会在暴露的表皮富集。由于此过程伴随着配糖生成碱的形成，这种碱是苦味有毒物质，因此，绿皮薯不能作为商品薯销售。绿皮薯甚至可以在诸如超市环境这样的人工光源下形成。

9. 黑心

块茎内部缺氧会导致黑心。切开薯块，可以看到在薯块中央有黑色组织。此缺陷主要发生在贮藏期，当田间潮湿时也会发生。薯块收获后置于温暖环境下，若表皮破损，而贮藏时又未立即通风，薯块温度上升，内部缺氧，会加重黑心症状的发生。

10. 表皮灼伤

使用抑芽剂CIPC处理破皮薯块或薄皮薯块时，可能会发生表皮灼伤，灼伤部位会发生褐变。这不仅降低薯块外观，而且在加工时，使用蒸汽去皮也很难除掉斑点。

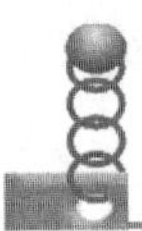

思考与练习

1. 简述引起马铃薯块茎生理病害的原因及防治方法。
2. 马铃薯块茎采后的主要病害种类有哪些？引起病害的原因是什么？
3. 影响马铃薯采后病害发生与发展的主要因素是什么？防治方法是什么？
4. 马铃薯块茎采后的主要病害由哪些病菌引起？有什么症状特点？

项目八　马铃薯的贮藏技术

知识目标

1. 理解马铃薯的贮藏特性。
2. 掌握马铃薯的适宜贮藏方法及贮藏环境的温度、湿度、气体成分的要求。

技能目标

1. 会运用所学知识设计不同用途马铃薯的贮藏方案。
2. 熟练掌握不同用途马铃薯的贮藏技术要点并能对马铃薯贮藏进行有效管理。
3. 会运用所学知识及时解决马铃薯贮藏中出现的问题。

任务一　马铃薯的贮藏特性

为了有效地贮藏马铃薯，必须掌握马铃薯块茎在贮藏过程中与环境条件的关系和要求，并采取科学的管理方法，以减少贮藏期间的损耗和实现安全贮藏。

一、贮藏的环境条件

马铃薯块茎贮藏效果的好坏，与贮藏的环境条件有着十分密切的关系。收获前，还必须加强田间管理，适时而正确地收获，严防块茎感病，减少机械损伤和运输过程中的挤伤与擦伤，在入窖前做好窖内的清理与消毒等准备工作。这些都是影响马铃薯贮藏效果的因素，但尤为重要的是控制好贮藏窖的环境条件。贮藏窖内的环境条件主要包括热、温度、湿度、二氧化碳、光和通风等。

（一）热

贮藏期间窖内热的来源有四个方面，即马铃薯块茎原有热、呼吸热、土地热、外来热。

1. 原有热

原有热是指马铃薯块茎本身的含热量，它是热容量指数乘以马铃薯的重量（以 kg 为单位），再乘以假设散热度数计算出来的。

热容量指数就是 1kg 马铃薯块茎冷却 1℃时所排出的热量。马铃薯的热容量指数为 0.8cal/kg。设 1t 马铃薯从 5℃降到 2℃，其散发的原有热为：$0.8\times1\ 000\times(5-2)=2\ 400$(cal)。

马铃薯原有热和呼吸热，可借通风设备从窖内排除。

2. 呼吸热

呼吸热是马铃薯块茎生命活动的产物，这种热能影响窖内热的状况。呼吸强度和马铃薯所放出的热量因品种而有差别。同一品种的呼吸强度和马铃薯所放出的热量依成熟程度、损伤大小和性质、贮藏时期和温度而不同。马铃薯的呼吸作用不是在0℃时最弱，在0℃时它的呼吸作用比在5℃时稍微强些。当在5℃以上时，随着温度的增加，呼吸作用逐渐加强。呼吸热可以按下列公式计算：

$$C_6H_{12}O_6 + 6O_2 = 6CO_2 + 6H_2O + 674cal$$

糖(葡萄糖)＋氧══二氧化碳＋水＋热(674cal)

依此公式，每形成264个重量单位的二氧化碳需要消耗180个重量单位的糖。假定1kg马铃薯1h放出1mg二氧化碳，那么形成1mg二氧化碳就要消耗180/264＝15/22(mg)糖。1t马铃薯在24h内所消耗的糖为：15×1 000×24/22＝16.363(g)≈16(g)。

再依据燃烧1g糖要消耗3.743cal热，则燃烧16g糖就要消耗16×3.743＝59.888(cal)≈60(cal)热。

由此可确定马铃薯呼吸的原料是糖(葡萄糖)。在一般的贮藏条件下，1t马铃薯在24h内呼吸所放出的二氧化碳定额为53～163g，所放出的热能在13～2 408cal之间，它依贮藏所处时期而有所变化。所形成的呼吸热一部分在块茎水分蒸发时消耗掉，另一部分则呈游离状态的热能散发到周围的环境中。

3. 土地热

一般地下式的贮藏窖，从它的底部和四周可传导出土壤中的暖流，它是从地球中心向地表辐射出来的热量，我们称它为土地热。利用土窖贮藏马铃薯块茎，土地热也是窖温热源之一，在确定挖窖的深度时是需考虑的重要因素之一。目前北方的土棚窖的深度多为2.5～3m，这是对土地热的合理利用。在北方一作区秋后贮藏的初期，土地的温度比马铃薯堆和薯块的温度都低，随后土温下降得比较慢，马铃薯的温度则下降较快，因而土温常较马铃薯的温度稍高。在每年立春后气温逐渐增高，冷空气下侵，窖内土地增热比空气慢，因此马铃薯堆的温度略低。冬季土地和块茎所放出的热不多，通过窖壁四周传导可完全消失。

4. 外来热

外来热主要指窖外空气流入带进窖内的热量。它与当地的气候条件以及地势的海拔高度有密切的关系。窖内温度的高低，可以采取通风换气的办法利用窖外的空气来加以调节和通过人工制冷来加以调节。

(二)温度

马铃薯在贮藏期间与温度的关系很密切，当马铃薯块茎贮藏在－3～－1℃的条件下，经9h即冻结；若贮藏在－5℃的条件下，2h即发生受冻现象，4h则全部冻透。长期贮藏在温度接近于0℃的条件下，芽的萌发和生长就受到抑制，而在3～5℃时，虽然芽的发育很弱，但却是很稳定的。若贮藏在温度较高的条件下，会使整个块茎组织变软。

当马铃薯受到机械损伤，只有在较高的温度条件下才能使伤口迅速愈合，并形成木栓组织。在2.5℃时需8d才能形成木栓组织，在5℃时需5d，在10℃时需3d，在15℃时需2d，而在21～35℃时在第二天就能形成木栓组织。在7℃条件下7d则形成周皮细胞。在10℃时需4～6d，在15℃需3d，在21℃时则第二天就会形成周皮细胞，如温度低于7℃时，便不会形成真正的愈伤周皮。为了使块茎伤口在贮藏期间迅速愈合，必须把它放置在较高的适宜温度下。

作为种薯的贮藏，贮藏期的温度高低对种用品质也有很大的关系。种薯贮藏对温度的要求与食用商品薯对温度的要求不同，种薯一般要求在较低的温度条件下贮藏，可以保证种用品质，使田间生育健壮和取得较高的产量。据报道，在1～3℃下贮藏时产量最高，在此基础上随着贮藏温度的提高，产量则递减，如表8-1所示。

表8-1　不同贮藏窖（不同温度）贮藏的种薯对产量的影响

贮藏条件	品种	产量 (kg/667hm²)	与对照产量差 (kg/667hm²)	产量百分比 (%)
温室窖 15～20℃	男爵	667	－255.5	72.3
住宅堆贮 8～10℃	男爵	798.5	－124	86.2
室外地下窖 4～5℃	男爵	840.5	－82	91.7
永久砖窖 1～3℃	男爵	902.5	—	100
温室窖 15～20℃	292-20	489.5	－201.5	66.0
住宅堆贮 8～10℃	292-20	711.5	－29.5	96.0
室外地下窖 4～5℃	292-20	654	－87	88.3
永久砖窖 1～3℃	292-20	741	—	100

（三）湿度

贮藏窖内的湿度是因贮藏窖中的空气所含的水分状况形成的。随着窖内温度和通风条件的变化，窖内的湿度会发生不同的变化。在不同的温度下，空气中的含水量有一定的限度，当水分子达到呈现水汽饱和状态，再不能容纳更多的水分时，空气呈现滴水现象。在马铃薯块茎的贮藏期间，保持窖内有适宜的湿度，可以减少自然损耗和有利于块茎保持新鲜度；若过于潮湿，便会使窖内顶棚上形成水滴并引起薯堆上层的马铃薯块茎“发汗”，常促使马铃薯块茎过早发芽和形成须根。如果是食用商品薯，便会降低商用品质；若是种薯，则会降低种用品质。此外，由于薯堆出汗，湿度过高，容易遭受病原微生物的侵染，招致腐生菌的发生而造成薯堆严重腐烂和损失。相反，如果窖里湿度小、过于干燥，马铃薯重量就要损耗很多，并容易使马铃薯块茎变软和皱缩。这是因为当窖里的湿度低于马铃薯块茎自身的湿度时，块茎中的水分就要向外蒸发，蒸发的结果是失去其原有的饱满度。

以上说明贮藏马铃薯块茎时，窖内的湿度过高和过低都不适宜。当贮藏温度为1～3℃时，湿度最好控制在85％～90％之间，湿度变化的安全范围为80％～93％。有经验的农民常用眼力来判断贮藏窖内的湿度：只要薯皮不出现湿润现象，并在窖内顶棚上显示有轻微一层小水珠，就是贮藏好马铃薯块茎的基本湿度条件。

（四）二氧化碳

马铃薯块茎的贮藏窖内必须保证有流通的清洁空气。贮藏窖内往往因通风不良而积聚较多的二氧化碳，二氧化碳较多时便会妨碍块茎的正常呼吸。如果种薯长期贮藏在二氧化碳较多的窖内，就会增加田间的缺株率，生长时期植株发育不良，使产量降低。为了使贮藏期间窖内有充分的清洁而新鲜的空气，不致积累较多的二氧化碳，必须合理地进行通风。

（五）光

直射的日光和散射光都能使马铃薯块茎表皮变绿，茄素的含量增加，从而使食用的商品薯品质变劣。因而作为食用商品薯的贮藏，在黑暗无光条件下是最理想的。在窖内设置长期照明的电灯也同样会造成表皮变绿，降低食用品质，因此要设法在贮藏管理上减少电灯的照射。但作为种薯的贮藏则与食用商品薯的贮藏相反，不怕见光。尤其是我国南方和中原二作区的种薯贮藏，多是在散光条件下架藏的。因为块茎在光的作用下表皮变绿，有抑制病菌侵染的作用；也能抑制幼芽的陡长而形成短壮芽，有利于产量的提高。在北方一作区，可将种薯在入窖前进行晒种绿化，以防种薯腐烂，或在播种前一个月将种薯出窖，摊在有光的条件下进行春化处理，以促进早结薯和提高产量。

（六）通风

马铃薯块茎在贮藏期间的通风，是马铃薯安全贮藏所要求的重要条件。通风可以调节贮藏窖内的温度和湿度，把外面清洁而新鲜的空气通入窖内，而把同体积的二氧化碳等废气从贮藏窖内排出去，以保证窖内进入足够的氧气，以便马铃薯正常进行呼吸。

在北方采用土棚窖贮藏块茎时，多利用窖门来进行通风换气。当块茎大量入窖以后，要长时期开放窖门，使窖内空气流通，以促进块茎的后熟和表皮木栓化。一般通风贮藏库多设有进气孔和出气孔，以调节空气的流通。出气孔与进气孔设置的位置与高度必须合理，否则，会使马铃薯块茎在冬季贮藏过程中遭受冻害。为了降低贮藏窖内的温度和控制适当的湿度，可在温度较低的白天与夜间进行换气。在冬季换气时必须注意防止马铃薯块茎受冻。

二、贮藏要求

马铃薯收获后，还未充分成熟，块茎的表皮尚未充分木栓化而增厚，收获时的创伤尚未完全愈合，新收获的块茎、伤薯的呼吸强度还非常旺盛，会释放大量的二氧化碳和热量，多余的水分尚未散失，致使块茎湿度大、温度高，如立即入窖贮藏，块茎散发出的热量会使薯堆发热，易发生病害，造成烂薯。因此，新收获的马铃薯必须进行预处理。

（一）马铃薯预处理

1. 晾干

在马铃薯入贮藏库前要将马铃薯尽快晾干，以防病菌扩散。如果薯块在一周之内晾干并保持干燥，会大大减轻病菌的传播。这对于马铃薯的播种和表皮木栓化尤为重要。

2. 伤口愈合

伤口愈合必须在干燥后立即进行，这可以防止薯块病害感染和薯块失水造成重量损失。在伤口愈合期，块茎的真皮部分和伤口处会形成木栓层，防止病原体进入块茎并抑制水分的流失，提高薯块的耐性和抗病菌能力。在一批薯块干燥后，伤口愈合就必须开始。在温度20℃、相对湿度85％～95％时，伤口愈合速度最快。为了达到较高的相对湿度，在伤口愈合期必须将通风限制为最小值，可以一天几次鼓入充足的新鲜空气。对于温度超过25℃收获的未成熟块茎，每4h应短暂通风，以提供氧气，并清除二氧化碳。马铃薯伤口愈合与环境温度的关系是：20℃时，5～7d愈合完成；15℃时，7～12d愈合完成；10℃时，9～16d愈合完成；5℃时，4～8周愈合完成。

3. 挑拣与分级

挑拣就是剔除病、烂、伤等不合格薯，严防病、烂、伤薯混入合格薯中，引起贮藏后烂窖。若要使贮藏期间薯块腐烂减少，装前必须仔细挑拣。马铃薯在贮藏前必须做到“六不要”，即薯块带病不要，带泥不要，有损伤不要，有裂皮不要，发青不要，受冻不要。

根据市场的不同需求、不同用途以及马铃薯分级标准要求，对收获后的马铃薯要进行分级处理，一是可以提高马铃薯的经济效益，二是便于区分、贮藏和运输。马铃薯块茎大小不同，对病害侵染的抵抗力不同。通过分级，把不同级别的马铃薯分开贮藏，便可减轻病害传播。

4. 预冷(冷却)

薯块的伤口愈合后,温度下降,进入贮藏库贮藏。薯块冷却的快慢取决于其最终用途。为保证其油炸品质,薯片及薯条加工原料需要缓慢冷却,并且在出库前要进行缓慢升温回暖。具体冷却时间取决于控温系统及贮藏地气温,但是逐步冷却是非常重要的。温度波动过大会缩短薯块的贮藏期。对于种薯和鲜食薯块,可以冷却得迅速些,这样可以抑制贮藏病害的传播。冷却方法有两种:自然冷却法和人工冷却法。自然冷却法是指将马铃薯用网袋包装或散堆后,利用夜间低温冷空气除去马铃薯田间热。人工冷却法最常用的为冷库预冷和强制冷风预冷。冷却的温度接近贮藏的最佳温度即可。不同用途马铃薯的最佳贮藏温度不同。一般的,对于大多数品种种薯,最佳贮藏温度为3～4℃;鲜食薯块的最佳贮藏温度为4～5℃;薯条加工原料的最佳贮藏温度为6～8℃;薯片加工原料的最佳贮藏温度为7～9℃。

(二)贮藏设施准备

在马铃薯贮藏之前,要求马铃薯贮藏库一切就绪。准备工作依贮藏库类型而异。

1. 简易贮藏窖的准备工作

(1)清杂,即要将窖内杂物、垃圾清理干净。

(2)制湿,即用水浇窖,但要严格控制用水量,浇水深度不超过5cm,相对湿度控制在85%～93%之间。

(3)通气,即在马铃薯入窖前10～15d要将贮藏窖的门、窗、通风孔全部打开,充分通风换气。

(4)控温,即在马铃薯入窖时,通过启闭窖门和利用昼夜温度与窖内温差进行强制通风,将贮藏温度调至适宜温度。

(5)消毒,即在马铃薯贮前2周左右,对窖进行消毒处理。

2. 机械冷库、气调库的准备工作

(1)库体结构、隔热结构、防潮结构、气密结构的检查,保证库体具有良好的隔热性、防潮性、气密性。

(2)制冷系统及设备、气体系统与设备的检查,保证各系统正常运行。

(3)清杂,即要将库内杂物、垃圾清理干净。

(4)消毒,即在马铃薯贮前2周左右,对库体内壁及设备、用具进行消毒处理。

3. 消毒药剂和方法

(1)用点燃的硫黄粉(8～12g/m^3)进行熏蒸。

(2)每立方米用"4g高锰酸钾+6g甲醛"进行熏蒸。使用时先将高锰酸钾置于容器中,然后倒入甲醛溶液,即可产生消毒气体。

(3)用百菌清烟剂或二氧化碳进行熏蒸(按药剂说明使用)。

(4)对于种薯,可用瑞毒霉、多菌灵、百菌清、杀毒矾、甲霜灵锰锌均匀喷洒窖壁四周,并用石灰水喷洒地面。

(5)用2%～4%的甲醛(福尔马林)50倍液均匀喷洒窖壁四周。

消毒液喷洒要均匀,不留死角,消毒或熏蒸后密封2d,然后打开窖门和通风气孔2d以上再贮藏薯块。

(三)适宜贮藏量计算

马铃薯贮藏量不得超过窖(库)容量的65%。贮藏量过多、堆积过厚,会造成贮藏初期不易散热，中期上层块茎距离窖顶的窖门近，容易受冻，后期底部块茎容易发芽，同时也会造成堆温和窖温不一致，难以调节窖温。1m^3一般贮藏650～750kg马铃薯，只要测出窖的容积，就可算出贮藏量。计算方法：适宜的贮藏量(kg)＝窖容积(m^3)×650(kg/m^3)×0.65。

例如：窖长15m、宽4m、高3m时，适宜的下窖量＝(15×4×3)×(650×0.65)＝180×422.5＝76 050(kg)。

这就计算出一个有180m^3容积的贮藏窖，可以容纳入贮的马铃薯块茎为76t。如果贮藏小块茎，则可达80t。

（四）马铃薯分类贮藏

1. 按马铃薯的不同用途分开贮藏

(1)商品薯

商品薯要在黑暗且温度较低的条件下贮藏，最佳温度为4～5℃。商品薯块茎受光照变绿后，龙葵素含量增高，人畜食用后可引起中毒，轻者恶心、呕吐，重者妇女流产、牲畜产生畸形胎，甚至有生命危险。

(2)加工薯

淀粉、全粉或炸片、炸条等加工用马铃薯，都不宜在太低温度下贮藏，低温贮藏固然不发芽，然而淀粉转化为还原糖，对加工产品不利，尤其是用还原糖含量高于0.4%的块茎加工的炸片、炸条均出现褐色，影响产品质量和销售价格。加工原料薯贮藏的适宜温度为6～9℃。

(3)种薯

种薯的贮藏时间一般较长，因此应尽量选择窖温比较稳定、控制性较好的窖贮藏，种薯的最佳贮藏温度为3～4℃。如果不能提供适宜的贮藏条件，常会在贮藏期间发芽，如不能及时处理，将会消耗大量养分，降低种薯质量。如果无法控制储藏条件，应把种薯转入散射光下贮藏，控制薯芽的生长速度。如果芽太长，影响播种，就要把长芽掰掉一次，而后在散射光下贮藏，但是掰掉一次芽会减产6%左右，掰掉两次芽减产达7%～17%。

2. 按薯块大小分开贮藏

薯块大小不同，其间隙、通气性和休眠期都不相同，故应分开贮藏。如果袋装贮藏，则薯块大的袋子可适当码放高一些，薯块小的袋子应适当码放低一些。

3. 按休眠期不同分开贮藏

马铃薯品种不同，休眠期也不同；同一品种，成熟度不同，休眠期也不同。如果将休眠期较长的马铃薯与休眠期较短的马铃薯贮藏在一起，其休眠期会缩短。

（五）马铃薯贮藏方式

1. 散堆藏

散堆藏，即马铃薯散堆在贮藏库(窖)内。散堆的贮藏量相对较大，易于在贮藏期间进行抑芽防腐处理，而且贮藏成本最低，但搬运不方便。

在简易贮藏窖散堆藏，马铃薯堆放的高度不宜超过窖高度的三分之一，并且堆放高度控制在1.5m以内为宜。干燥而健康的马铃薯贮藏在通风条件较好的窖内，其堆放高度可达2m以上。但是堆放过高，上层薯块会因为薯堆呼吸热而发生严重的“出汗”现象，从而导致块茎大量发芽和腐烂，上层也可能由于距离窖顶过近而易受冻。

堆放时的要求：轻装轻放，以防摔伤，由里向外，依次堆放。

2. 袋装藏

袋装藏，即马铃薯装袋后，堆垛在贮藏库(窖)内。袋装的贮藏量相对较小，搬运方便，但是成本较高，贮藏期间的挑拣对马铃薯造成的损失多。

包装袋有网袋、编织袋、麻袋等。将经过预处理的马铃薯装入孔小于10mm的编织袋，35～40kg/袋，采用袋装垛藏，最高层数为8层/垛。垛码过厚会导致垛内通风不良，薯块热量散失困难，易造成薯块发芽或腐烂。马铃薯入窖时应注意出窖最晚的马铃薯放在最里面，以此类推。

三、贮藏期间的管理

在马铃薯块茎入库(窖)以后，要严格地实行科学管理。贮藏期间的管理工作主要是通过调节和控制窖内的温度和湿度，通风换气、合理倒窖，防止贮藏期间的病害，使贮藏的马铃薯块茎不发生皱缩，也不生芽子，使马铃薯块茎的损耗率降到最低限度，并根据食用、种用或加工的需要，保证贮藏的马铃薯块茎具有不同用途要求的优良品质。

(一)简易贮藏窖管理

1. 贮藏期的倒窖和防病

我国北方一作区在贮藏马铃薯块茎期间，一般都倒1～2次窖，通过倒窖可以去掉块茎表皮附着的泥土，淘汰病烂薯，并可散热，防止生芽。因此，倒窖在贮藏过程中是达到管理目的的最有效的一项措施。

凡是在块茎入窖时，泥土去得不干净，块茎表皮不干爽，未能很好选薯或淘汰病烂薯的，应争取早期倒窖，一般在入窖后1～2周内进行。块茎带有泥土下窖，会堵塞块茎间隙，造成通风不良；再加之湿度过大，有机械伤口的块茎不能很好地愈合，这就给真菌性和细菌性病害的入侵与蔓延创造了有利条件，容易扩大块茎的腐烂范围。

倒窖工作应根据窖温的变化和病害的发生情况确定。在经常测定堆温的过程中，当发现堆温由原来较低的温度升高到8℃以上时，要查明升高的原因。如果是因病烂发热，应立即倒窖；如果是其他条件的影响，应设法加以控制。在温度正常的情况下，当检查堆藏的马铃薯块茎中有3%～5%感染了软腐病，10%以上感染了干腐病，3%～4%冻烂时，应马上倒窖并进行选剔工作。在倒窖时应将感有软腐病、干腐病、晚疫病等的块茎全部剔除。在贮藏期间块茎还常出现环腐病和黑心病，由于这两种病害从块茎外部不易识别，应注意控制温度，防止其蔓延，一般低温条件下能防止这两种病害的发生和蔓延。

如果在入窖前做好了预贮措施，严格选薯，去净泥土和挑除病烂薯，通风晾干，加快木栓层的形成，入窖后严格控制温、湿度，则入窖后的马铃薯完全可以不倒窖。其理由是：第一，降低了病害的感染机会。由于严格选薯，可以把具有病害的块茎剔除，块茎经过晾干能促进受伤块茎的愈合，不倒窖还可以减少机械损伤，从而减少病菌的侵染机会和病害的传播。第二，能去湿散热。在晾干过程中，由于块茎水分被蒸发一些，表皮可迅速木栓化，能较快地通过后熟阶段，从而增强了块茎的耐贮性。经过晾干，也能将块茎中的原有热度扩散出去，入窖后可降低马铃薯块茎的堆温，能减少伤热生芽。

2. 温度的控制与调节

我国北方一作区在贮藏马铃薯方面存在的问题主要是后期伤热生芽，因此在贮藏期间对温度的控制，应以调节温度，防止伤热作为中心环节。在中原和南方二作区以及西南单、双季混作区，一般多在仓库和室内贮藏，冬季常遇低温而遭受冻害，因此在贮藏期间，应注意做好保温、防冻的工作。

(1)窖温的控制与调节

窖温的控制与调节是马铃薯贮藏期间的一项重要管理工作。贮藏马铃薯块茎既要防冻,又要防热。我国北方冬季漫长,块茎从入窖到出窖,一般要经过6个月以上的贮藏时间。北方有经验的农民控制窖温的经验是:“两头防热,中间防寒”。就是在秋末冬初窖温较高的入窖初期应该防热;在1月中旬至2月下旬的贮藏中期要注意防寒;2月下旬以后天气逐渐转暖,又应注意防热。在具体做法上积累了“秋后开气眼,春后闭气眼”和“打春窖易冻,必须密好缝”的经验。即在下窖初期一般要敞开窖门和气眼,进行通风换气,以后随温度的下降,要把窖门和气眼全部封闭严密。当室外气温稳定降到-7～-5℃时,要堵上窖门,只留气眼通气;当气温下降到-10℃时,气眼也要堵上,每天只能进行几次短时间的通气。1—2月正值冬季,要在窖门和薯堆上加草覆盖保温,窖口和气眼都要用草封闭严密,保温防寒。以后天气转暖,又要严防热气侵入窖内,不能随便打开窖门,以免窖内温度升高。北方农民在管理棚窖的过程中,在控制温度标准方面有“顶棚一层霜,不热也不凉”的经验。就是在贮藏中期,窖内棚顶上有很薄的一层霜时,即表示窖温不高也不低。如果窖内棚顶没有一层很薄的轻霜就表明窖温高了。

总之,窖温的调节是靠窖门和气眼的通风换气来进行的,原则上要使窖温经常保持在1～3℃为宜。

在良好的贮藏条件下,块茎的正常自然损耗率不超过2%。贮藏温度不当,往往造成块茎大量萌芽,降低块茎的品质,或造成块茎发病腐烂,从而提高了损耗率。为了加强管理,获得好的贮藏效果,了解温度对马铃薯块茎的影响是很重要的(表8-2)。从表8-2中可以看出,1～5℃是适于马铃薯块茎贮藏的温度。

表8-2 不同贮藏温度条件下马铃薯块茎的变化情况

温度(℃)	块茎变化的情况
-2	块茎受冻
0～1	淀粉转化成糖,食味变甜,种性降低
2～3	是种薯最好的贮藏条件,呼吸微弱,皮孔关闭,病害不发展,重量损失最小,块茎不发芽
5	块茎的呼吸强度较小,少数皮孔开放,仍是适于种薯的贮藏温度,但镰刀菌开始发展
8	呼吸强盛,皮孔开放。镰刀菌迅速发展,块茎腐烂(湿腐或干腐),块茎重量降低,渡过休眠的块茎开始发芽
11	呼吸强烈,镰刀菌发育转弱,但块茎腐烂严重,损失率增加。幼芽伸长,如湿度大时,幼芽还可生根
14～16	呼吸强烈,窖内干燥时,块茎开始皱缩。如窖内过湿,湿腐病强烈发展,幼芽伸长,并生出大量须根,损耗率激增。在这一温度下,相对湿度在85%时,块茎伤口易于愈合
20	幼芽和根系交织于块茎的表层,腐烂的损耗激增,在通风不良的条件下,块茎窒息,薯肉变黑,湿腐病发展得极为迅速。空气干燥时块茎皱缩,并在幼芽和芽根上形成仔薯

(2)堆温的控制

窖温的控制与堆温的控制是一个不可分割的整体,两者是互相作用的。窖温可引起堆温的变化,而堆温也影响着窖温。在入窖初期和通过休眠期以后的萌发时期,正常的堆温可比窖温略高一些,一般高0.5℃左右,但不应过高。在贮藏中期块茎处于休眠阶段,堆温与窖温应接近一致或低些。为使堆温与窖温一致,必须改善堆内的通气条件和从薯堆的厚度上加以控制。堆的高度最好是窖的深度的1/3～1/2,这样有利于空气流通。否则,堆得过高,造成通气不良易,导致块茎窒息和伤热生芽,用窒息的块茎做种会造成缺苗,伤热生芽会降低种用和食用品质。

马铃薯入窖时,要尽量做到按品种和用途分别贮藏,因为不同品种、不同用途的马铃薯具有不同的特点。在贮藏期间的堆温等管理技术,就是根据这些不同特点和用途来确定的。

要使马铃薯保持新鲜的品质和种用价值,必须把它堆放整齐,使其通风自如,以利于调节堆温。其适宜的薯堆高度是:早熟品种的种薯为1.1～1.25m;中晚熟品种的种薯为1.3～1.5m;食用马铃薯的堆高可适当高一些,为1.5～1.7m。干燥而健康的马铃薯块茎,贮藏在通风条件较好的窖(库、室)内,堆高可达2m。但堆放过高,超过2m时,下层的块茎所承受的压力过大,会导致挤压损伤,上层的马铃薯块茎也会因堆内呼吸热的散发而发生严重的出汗现象,从而造成块茎大量发芽和腐烂。在春季一二月间,将薯堆高度降低到0.5～1.0m时,能较长地保持抑制发芽所要求的低温。

马铃薯在贮藏窖内不仅堆放高度要适宜,而且贮藏窖内还应经常保持留有一定的空气,因此堆高还应与贮藏窖的容积保持一定的比例关系。马铃薯堆的容积一般占贮藏窖容积的1/2为宜,最多不得超过2/3,这样才能保持贮藏窖内空气形成通畅的气流,才能使马铃薯块茎的呼吸正常进行。否则会造成薯堆内的部分块茎窒息、腐烂或变成黑心。

在贮藏管理上,为保持薯堆上下温度一致,除降低堆的厚度外,最好的办法是改善堆内的通气条件。具体做法是:在堆底地面上挖成十字型或丰字型的通气沟,沟的深度和宽度均为20cm左右,沟的长度与窖壁相接,在沟的上面铺上秫秸或树条,并留一定的空隙,空隙的大小以不漏块茎为宜,然后在堆内插入用秫秸绑的通气把,通气把的直径也是20cm,长度应比堆高高出30cm左右,立放在薯堆内,底部与通气沟相接,这样有利于调节薯堆内的温、湿度。有条件的单位和农户最好用木板条做成三角形通气塔代替通气把,三角形通气塔的效果会更好一些。南方亦可用荆条编织成圆形筒式的通气塔。

3. 湿度的控制

在北方窖藏马铃薯块茎的中后期,有时马铃薯堆上层的块茎很湿,附着一些小的水珠,易发生“出汗”,这是因为马铃薯的呼吸作用在堆内产生热气,在它向上流通时与气眼和窖门下降的冷空气相遇,在薯堆上层凝聚成小的水滴。这种现象常造成窖内湿度过大,促进腐烂菌及真菌病害的发生,也容易造成早期发芽。

对窖内湿度的控制,主要是通过窖门、气眼换气的办法来调节。哈尔滨、克山、绥化等地的群众在贮藏马铃薯方面有“打春盖草防出汗”的经验,对控制湿度防止薯堆上层块茎“出汗”有良好的作用。具体做法是:立春时节窖温开始下降,在马铃薯堆上覆盖一层谷草或草帘子,既保温防冻,又可防止“出汗”。其道理是:由于增加一层覆盖物,可以缓和上下冷热空气的结合,可吸收堆内放出的潮气。

上述“出汗”潮湿等现象,在我国南方贮藏马铃薯时是不常见的。因为南方多采用地上式的贮藏库贮藏马铃薯，或采用架藏和空屋散放，通风条件要比北方窖藏好些。但不管是南方还是北方，也不管采取什么样的贮藏形式，都要按照马铃薯在贮藏期间最适宜的相对湿度80％～93％的指标进行合理、有效的调节。

（二）机械冷藏、气调贮藏的管理

马铃薯用途不同，最佳贮藏温度的要求也就不同。对于大多数马铃薯品种种薯来说，所需贮藏温度在3～4℃之间，在种植时，马铃薯有足够的发芽活力。种薯长期贮藏在1～2℃时，可能导致某些品种的低温损伤，最终导致薯块发芽弱或无法发芽。对于鲜食薯块，最佳贮藏温度为4～5℃。薯条加工原料的最佳贮藏温度为6～8℃；薯片原料的最佳贮藏温度为7～9℃。

应依据马铃薯不同用途的最佳贮藏温度的要求调节和控制贮藏温度。一旦薯堆温度达到要求，要保持薯堆恒温贮藏。由于薯块呼吸作用会产生热量，薯堆温度每天会升高0.25℃。此外，一些其他外部热量也会使得薯堆温度上升，特别是在秋季收获后和春季出库前。因此，要定期通风降温。通风时外部进入空气的温度和贮藏库室内的温度之差不要超过2℃，避免产生冷凝作用，造成薯块病害滋生。对于薯条和薯片加工的原料薯，通风降温时温度过低，会造成薯块内还原糖（果糖和葡萄糖）的积累，影响油炸品质。

马铃薯在贮藏期间的最适宜的相对湿度为80％～93％。

在贮藏库要使用足够多的温度探测器，如平均100t马铃薯要使用一个探测器，并将它们放在不同高度。相对湿度传感器使用几年后，读数会有偏差，需要供应商对其进行校正。应定时检查、监控薯堆温度、相对湿度、气体成分。

通过风机降温的智能通风库，在冰天雪地的冬季，室外空气直接进入贮藏库降温的话，温度可能太低，且空气湿度不够。此时，有必要安装一个空气混合系统和加湿系统，在冷空气进入贮藏库前，将贮藏库空气和室外空气进行预混和加湿。如果天花板和墙不隔热或外界温度很低时，有可能生成冷凝水，可以通过在天花板上安装风机来解决这个问题。在风机上加装加湿器的效果会更好。

任务二　马铃薯脱毒微型薯和脱毒种薯的贮藏

一、脱毒微型薯的贮藏

与其他脱毒马铃薯相比，脱毒微型薯的生产过程有所不同。一般马铃薯生产都有明显的季节性，而微型薯生产则可能是周年的。周年生产的微型薯通常只有一个或两个播种期。在北方一作区，微型薯基本与其他马铃薯同期播种；在中原二作区，每年可能有两次播种时期。因此，微型薯贮藏期有的长达10～12个月，比其他种薯的贮藏期长。脱毒微型薯的贮藏过程应注意以下几点：

（一）保证贮藏期的低温

为了保证微型薯长时间不发芽，可以将温度降到2℃左右，这样可进一步延长其休眠期。如果在贮藏库中补以弱光，将进一步延缓微型薯在贮藏过程中发芽。生产中普遍存在的问题之一是微型薯在播种时生理年龄太老，虽然出苗较快，但植株衰老很快，难以获得较高产量。

(二)调整脱毒微型薯的休眠期

种植微型薯时另一个普遍存在的问题是,播种时休眠期没有完全打破,特别是播种才收获1～2月的微型薯。休眠期没有全部打破的微型薯,播种后会出现出苗晚、苗弱、出苗不整齐的现象,最终影响产量。因此,贮藏过程中应对微型薯的休眠期进行调整,使其在播种期正好达到生理壮龄。变温处理是脱毒微型薯打破休眠最安全、最有效的方法。

(三)分品种、分收获期、分级存放

由于微型薯品种生产单位往往生产一个以上品种的微型薯,因此存放时一定要注意防止混杂,每个包装上必须注明品种名称、生产地点、收获时期、大小分级、生产者、检验者等内容,以便贮藏管理。将同一品种不同收获期的微型薯分别存放,可以在必要时间对其采取不同方式的催芽处理,以保证不同时间收获的微型薯在播种时均达到生理壮龄。按大小将微型薯进行贮藏,一方面便于播种,用大小相同的微型薯播种时,出苗整齐,管理方便;另一方面也便于销售,不同的用户喜爱不同大小的微型薯(不同大小微型薯的价格不一样),销售时可方便地定价和定量。

(四)贮藏前需要进行预贮和挑选

由于微型薯收获时一般都十分幼嫩,因此有一段时间的预贮(2周左右)可以使其表皮老化变硬,保证其贮藏过程中不易受到病菌的侵染。另外,贮藏前一定要将伤残薯挑除出去,而且作为最高级别的脱毒微型薯本来就要求块茎不带任何病害,因此不应存在任何带病微型薯。

二、脱毒种薯的贮藏

(一)种薯入库前的准备

马铃薯在大田生产上是利用块茎直接播种的无性繁殖方式的高产作物,入库种薯质量的好坏直接影响和关系到种薯贮藏的成败。所以,对准备贮藏的种薯应加强田间管理,特别要注意防止田间发生晚疫病。在入库前还有三方面的问题应当注意。

1. 脱毒种薯的纯度和净度

准备入库的马铃薯种薯,要从田间管理抓起,实行“双精选”制度。一是田间纯度精选。具体做法是:在出苗期、现蕾期和开花期,通过田间去杂去劣,将病株、杂株的薯块及茎蔓挖除并销毁。二是收获后净度精选。具体做法是:通过种薯入库前的挑选工作,彻底将病、烂、畸形薯及损伤薯淘汰,减少库存期传染性病害的传播。

2. 入库前预贮

准备入库贮藏的种薯田,应在收获前1周左右用化学药剂或机械方式杀秧,促进马铃薯块茎表皮老化。刚收获的马铃薯种薯要选择晴好天气在田间晾晒3～5d,然后预贮。预贮应选择在开阔、通风的场地进行,一般经2周时间即可达到预贮效果。预贮的作用主要是:加速种薯生理后熟过程的完成,使其有机械损伤的表皮加快愈合;有利于种薯散发热量、水分、二氧化碳,防止种薯入库后表面结露现象的发生。但预贮过程中一定严防雨淋、冻害的发生。

3. 入库前库房整理和消毒处理

种薯贮藏库应具备坚固、安全、防湿、防寒、隔热、保温、通风排气性好,有防虫、防鼠、灯光杀菌、照明等功能,并备齐各种温、湿度监测器具。在种薯入库前可用百菌清等药剂全库喷雾，并用石灰水喷洒地面，彻底进行消毒。半地下式种薯贮藏库要利用库房地面部分加设窗户，地下式种薯贮藏库要安设适量的紫光灯，利用散射光和紫光灯能够使种薯产生杀菌和抵御各种病原菌入侵的物质，如龙葵素等，而且散射光还有一定的抑芽、提温作用。

种薯库的准备工作还要结合拟贮种薯的贮放方式进行。如散放的，要在种薯入库前，根据库房的走向、通风孔的位置、库内通风时的风流、薯堆的位置等实际情况，在库房内挖好通风沟，并用板条、秸秆等透气物遮盖，以不漏种薯、通气为宜。一个库房内贮藏多品种时，要设好隔离物，严防品种混杂。种薯入库前10～15d要将库房门、窗、通风孔全部打开，充分通风、换气。种薯入库时库温调整至8～10℃，空气相对湿度为85%～90%。

（二）种薯入库

当一个大的贮藏库分为若干个独立小库时，可能会将两个以上级别的脱毒种薯同时贮藏在一个贮藏库。在这种情况下，应先入高级别的，再入低级别的。袋装种薯堆放的高度不宜超过库房高度的2/3，垛与垛之间留一定的空隙，便于贮藏期间巡视和通风。散贮时，一定要有良好的通风条件，堆放高度也不得超过库房的2/3。如果有多个品种和多个级别的脱毒种薯存放在一个库房中，一定要设置好隔离区域，以免散落的块茎混杂。散装贮藏时，以每个独立的小库贮藏一个品种、一个级别的脱毒种薯为宜。马铃薯种薯贮藏应做到专库专用，每个独立的库房不能存放多个品种或多个级别的种薯。

此外，在种薯入库过程中要注意轻拿轻放，避免人为损伤。种薯入库完毕后还应以堆或垛为单位，及时悬挂库存管理标牌，标明品种、级别、数量等内容，以便于日常管理。

（三）种薯入库后的管理

马铃薯脱毒种薯入库后要根据不同的贮藏阶段对库房内的温度、湿度和通风条件进行调整。例如，在北方高寒地区，种薯入库后大致可分三阶段进行管理，即种薯入库后至11月末为第一阶段；12月初至翌年2月为第二阶段；3月初至出库为第三阶段，各阶段的管理方式各不相同。

1. 温度控制

从种薯入库至11月末，种薯正处于准备休眠状态，呼吸旺盛，释放热量较多，这一阶段的管理工作应以通风换气、降温散热为主。具体做法是：在确保种薯不受冻害的前提下，打开库房所有门窗和通风孔通风降温，温度控制在3～4℃为宜。种薯贮藏的第二阶段，正值寒冬季节，应以保温防冻为主，库温控制在2～3℃。种薯库顶层防寒效果不好的库房，必要时应生火炉或通暖气，严格控制库房温度。种薯贮藏的第三阶段，气温逐渐转暖，温度回升较快，此阶段前期库温应控制在2～4℃，后期如果种薯未萌动（特别是4月下旬），要逐渐接近室外气温，以利于种薯幼芽萌动，以备播种。

2. 湿度控制及通风

整个种薯贮藏期，库房空气的相对湿度应控制在85%～90%为宜。种薯入库前期湿度较大，应采用石灰吸湿法或加强通风降低种薯湿度。种薯贮藏的第二阶段是种薯最易受冻的危险期，应封闭所有库房门窗，利用通风孔每天进行累计2～3h的通风。此阶段的通风可带走种薯表面的热量、水分、二氧化碳和提供氧气。种薯贮藏第二阶段的通风管理由于外界湿度较低，具体操作难度较大，但它事关贮藏工作的成败，应予以高度重视。种薯贮藏第三阶段的通风量应随着气温的逐渐回升而增加，直至种薯出库前10d左右将库房门窗、通风口全部打开。

3. 病虫害防治

在整个贮藏管理过程中，还应经常检查种薯状态，及时捡出病薯、烂薯，防止薯块发热及病害蔓延。可利用各种熏蒸剂对库房进行防病、杀虫处理。

任务三　油炸及全粉加工用商品薯的贮藏

油炸和全粉加工用商品薯贮藏最基本的要求是保持其低还原糖含量，贮藏期间不失水或少失水（块茎不皱缩），不变绿、不发芽、不腐烂、无虫咬等。因此要求有较好的贮藏条件，保证贮藏期间能够对温度、湿度、光照、通气进行调控。这种类型的贮藏，是所有商品薯贮藏中条件要求最高的，贮藏费用也是最高的。加工用马铃薯块茎应当从无病的种薯中产生，减少病害的浸染，而且需要尽可能早收，以保证贮藏品质。收获时一定要充分成熟。不成熟的块茎经贮藏后油炸时的颜色发黑。

一、贮藏库的选址与要求

应在加工厂内或尽量靠近加工厂的地方选址修建贮藏库，同时应根据贮藏期长短和加工能力，合理设计贮藏库的大小和贮藏条件。为出入库方便和降低贮藏费用，可以将库房分隔成若干小库，每个库有不透光的窗户；内壁和顶层应有特殊的保温保湿材料，既保温又防止形成水滴；有空调和通风设备，对温度和通风量进行调控；有加湿设备，调节湿度；有温度、湿度探测和记录设备。

二、入库前的准备

入库前需要对库房、机械设备和块茎进行处理。对库房的处理主要包括对库房进行清理、消毒。一定要将残留的块茎和泥土清理干净，用粉剂或熏蒸剂对库房进行消毒。入库用的机械设备、用品、库房里的通风设备都应进行消毒处理。

入库前需要对马铃薯块茎进行严格的挑选，包括将受机械损伤的、腐烂的、变绿的等有内部和外部缺陷的块茎挑选出来，最大限度地保证入库块茎的健康。挑选过的块茎可以通过输送带散装堆放，也可以再次装袋堆放，或可以装箱堆放。

三、油炸加工原料薯的贮藏技术

（一）加工原料薯贮藏保鲜技术要求

1. 原料薯贮藏保鲜期的理想状态

原料薯应保持表面干燥和一定的硬度，不腐烂、不发芽、不变色，无病虫和鼠害。特别要求干物质含量保持在20%～25%；还原糖不增加，保持在0.2%以下。

2. 达到理想状态的环境条件

原料薯在贮藏保鲜期间，环境空气相对湿度应保持在85%～95%之间，且波动不宜过大。机械通风使库区内空气循环流动，流速均匀，并带走原料薯表面的热量、水分、二氧化碳和提供氧气。配套制冷或加热设备使温度稳定在(10±0.5)℃。利用物理方式或化学药剂处理，使病原微生物及虫鼠害降到最低限度。

（二）硬件设施配置

1. 贮藏保鲜库的建筑结构要点

贮藏保鲜库应使用绝热、防水建筑材料，保温性能好，库区内壁无水分凝结，有足够的原料薯堆积空间，配有通风的主管道和分道口，设置空气的排入口。

2. 贮藏保鲜的主要仪器设备

主要仪器设备有加湿系统、空气循环系统、制冷系统、中央自动控制系统。

(1)加湿系统。由中央自动控制系统监控记录，对湿度不理想的库区，通过加湿纸芯，经风道空气循环，补充散失的水分，维持原料薯的硬度和重量。

(2)空气循环系统。贮鲜库区的空气循环方式为强制通风。根据保鲜库条件，确定风机类型和大小。在保证风压增加的情况下，仍能保证足够的风量。风机的增压能力应满足最大贮藏量的静压要求。

(3)制冷系统。可以根据贮鲜期库区所在地的室外天气温度来选择适合的制冷机。

(4)中央自动控制系统。为了使各系统设备协调工作、统一配合，使操作更准确，最好使用自动化控制设备，对所有设备的工作状态进行监管和控制，并建立信息反馈网，随时掌握库内环境的各项数据。

3. 贮藏保鲜的辅助条件

从原料薯入库开始直到出库的整个贮鲜期，能够随时了解原料薯的加工品质，尤其是在不同的贮藏保鲜期，不同的贮藏环境下，必须对原料薯的还原糖及油炸合格率和色泽等进行测定。化验室定期化验是必要的检测手段。

（三）贮藏保鲜期技术管理

原料薯在贮藏保鲜期，技术操作作为软件，只有科学化、系统化、程序化地管理，才能保证其加工品质。通过实践探索，大致划分为四个阶段进行操作管理，每一个阶段有不同的针对性。

1. 原料薯入库

(1)原料薯入库前的准备工作。原料薯入库前，首先要对库区内的仪器、机械设备及线路等进行检修，确保贮鲜期工作正常运转。其次库内要进行清洗，保证无残留物、菌孢等，并要对库内所有表面、设备、物资作消毒处理。可以使用浓度为 0.25%～0.5%的次氯酸溶液。最后要根据送检合格原料薯的温度进行预冷。当薯块温度高于 16℃时，预冷温度要低于薯温 3℃左右；当薯块温度低于 16℃时，预冷温度应接近薯温。

(2)原料薯入库时的注意事项。对进入库区的原料薯必须进行化验，剔除病、烂、伤、青头等薯块，湿度较大的应先风干，符合标准后方可入库。用堆垛车散装，堆高视保鲜库的情况而定，一般为 5m 左右。同时向薯堆喷洒化学防腐剂。入库的原料薯应根据产地、品种分库区贮藏，并做记录，便于以后管理。

2. 原料薯的降温阶段

原料薯入库后，随着数量的增加，温度的升高，应做降温处理，速度以每天下降 0.2℃为宜，尽快将库区内温度降到 10～13℃，使受机械损伤的薯皮尽快木栓化，促进伤口愈合，防止病菌侵入而造成腐烂。然后对原料薯做油炸合格率及颜色测定，根据测定结果，考虑是否继续降温，最终把温度定在(10±0.5)℃之间，注意此期降温不能太快。原料薯自身水分较大，一般不用加湿。

3. 原料薯正常贮藏阶段

此期库温趋于稳定，空气循环使薯块失水严重，所以设定的送风湿度可以高一些，保持在93%～95%。当外界气温低于库区内设定温度时，关闭制冷机，合理利用自然风对库区温度进行调控，降低成本。根据库内情况，使风机间断运转，既减少了薯块失水，又节约了电能。但应合理安排，防止库内温度波动过大。原料薯在贮藏温度(10±0.5)℃的条件下，渡过休眠期就会发芽，因此必须采取措施抑制发芽，一般采用化学药剂。应选择在薯块伤口愈合后，萌芽前进行，用药浓度要根据贮藏时间的长短来确定。施抑芽剂是用热力气雾发生器进行的，使气雾状的药剂充满库内并密封24～48h。如果一次施药量大，应分开两次施药。此期注意事项是：化验人员定期到库区内检查，发现薯块变化或薯堆塌陷等问题时及时处理，并按时做干物质含量、油炸颜色等试验。

4. 原料薯出库

这个时期可以根据出库的进度适当提高送风温度，使原料薯温度回升，有助于还原糖向淀粉转化。

四、贮藏期间的温度、湿度和光照控制

整个贮藏期间的温度应控制在12℃左右，相对湿度应控制在85%～90%。温度过低，会造成块茎内还原糖含量上升，影响马铃薯的质量；温度过高，会加速马铃薯的发芽过程，而且容易造成块茎失水而出现皱缩现象。为了防止低温糖化现象，贮藏的温度不能太低，此时块茎容易发芽，需要使用化学抑芽剂。如果因为还原糖的累积而造成油炸品质下降，有可能通过回温处理使油炸颜色变浅。通常的做法是：出库前将温度升高至15℃，增加呼吸作用以消耗累积的还原糖。由于品种不同，反应也不一样。如果较深的油炸颜色是因为老化的糖化作用造成的，回温处理可能会适得其反。是否采用回温处理来校正油炸颜色问题，需要进一步研究。

加工用马铃薯需要尽可能快地干燥，并在12～15℃的高温下存放10～14d进行愈伤。利用外界环境中的空气还可以消除二氧化碳的积累。在生长季节田间温度较高时，贮藏初期有可能会发芽，因此一旦愈伤过程完成，就要迅速进行降温处理，但每天降温的幅度不要超过0.5℃。相对湿度过高，易造成贮藏期间各种真菌、细菌病害的发生，易出现腐烂现象；而相对湿度过低，易造成块茎失水而皱缩。

由于马铃薯块茎见光后易变绿，变绿块茎的龙葵素含量升高，加工产品带苦味，会严重影响马铃薯的质量；而且每100g鲜薯中龙葵素含量达到25.28mg时，人、畜食用后会出现中毒现象，严重时有生命危险，因此，贮藏过程中一定要避光，防止块茎变绿。

五、化学抑芽剂

(一)化学抑芽剂的使用

由于油炸马铃薯原料薯在贮藏期间的温度较高，块茎容易发芽，因此对需要进行长时间(超过该马铃薯品种的休眠期)贮藏的商品薯，有必要使用抑芽剂。有两类抑芽剂可以选择：一类是在收获后贮藏期间使用的；另一类是在马铃薯块茎收获前在植株上施用的。一般在收获后两周内施用抑芽剂能达到很好的效果。抑芽剂必须在马铃薯的愈伤后使用，否则它会干扰马铃薯的愈伤，造成马铃薯腐烂。收获前使用抑芽剂，施用方便，还可保证所有块茎

均匀地吸收，抑芽效果好。但如果收获的原料薯不需贮藏就被加工了，也是一种浪费。因此，使用抑芽剂一定要做好计划，只给那些需要长时间贮藏的原料薯使用。

（二）目前我国使用抑芽剂的种类

1. 氯苯胺灵

氯苯胺灵主要有粉剂和气雾剂两种类型，是全世界应用最广泛的一种抑芽剂。每吨马铃薯用2.5%的粉剂 400～800g（有效成分 10～20g）。马铃薯收获后至少需要过 14d，待马铃薯收获时的损伤自愈后方可施用抑芽剂，可在马铃薯愈合期后、出芽期前施用于成熟、健康、表面干燥的马铃薯上。如果马铃薯堆积过多（多于 50kg），则需在堆放时分层撒施，抑芽剂会升华成气体起到抑芽作用。撒施后将马铃薯捂盖 2～4d，然后将捂盖物去除即可。可以使用喷粉器施用，以达到更明显的效果，也可与其他防腐保鲜剂混合使用。用气雾剂时，每吨马铃薯用 49.65%气雾剂 60～80mL 即可。气雾剂适用于密封条件较好的大型仓库，若与通风设备联合使用，效果更佳。

2. α-萘乙酸甲酯（或 α-萘乙酸乙酯）

每 10t 薯块的用药量为 0.4～0.5kg，与 15～30kg 细土制成粉剂撒在薯堆中。应在休眠中期进行，不能过晚，否则会降低药效。

3. 青鲜素

青鲜素对马铃薯也有抑芽作用，但需在薯块采收前 3～4 周进行田间喷洒，用药浓度为 3%～5%，遇雨时应重喷。

任务四　菜用商品薯的贮藏

马铃薯的生理休眠期为 2～3 个月，合理贮藏是保证马铃薯周年供应，调节市场盈缺的重要手段。通过贮藏，淡季上市保值增值，是增加农民收入的有效途径。这类商品薯的贮藏要求比较低，一般要求出库前不腐烂、不发芽、不严重皱缩和不变绿等。因此，马铃薯贮藏期间尽可能将温度保持在 3～5℃，相对湿度保持在 85%～90%时，有利于马铃薯块茎淀粉转化为糖，食用时甜味增加，不影响食用品质即可。在贮藏期间，要定时通风，保持通风可调节窖内的温湿度，维持马铃薯的正常呼吸，提高耐贮性。食用马铃薯要在黑暗的条件下贮藏，块茎不应受光线照射，否则块茎表皮变绿，龙葵素升高，影响品质，人、畜食后可引起中毒。

如果贮藏时间很长，也可以考虑使用抑芽剂，但入库前也应当进行挑选，剔除病、伤、烂薯入库（窖）。销售没有经过包装的鲜薯，主要是看其外表形状，必须是来源于干净的种薯，没有伤疤和表皮病害。消费者希望马铃薯表皮光亮、光洁、亮丽，而粗砂或带石砾的土壤会擦伤表皮，影响其外观，所以细砂土、黏土或松针土生产出来的马铃薯较为合适。种植时需要有灌溉条件，以保证块茎整齐而且不易出现开裂或出现网纹状表皮。

菜用马铃薯要尽可能早一些收获，以减少表皮病害浸染的机会。块茎在土壤中的时间越长，表皮病害越严重。此类品种的品质可能比产量更重要。收获时表皮一定要充分成熟，以减少搬运和贮藏过程中的擦伤。在温暖、干燥条件下收获的马铃薯，损伤很容易愈合。每天可降温 0.5℃，这种快速降温可以减少病害浸染的机会。干燥、低温的贮藏条件有利于保持马铃薯块茎的品质不变。收获前一周要停止浇水，以减少块茎的含水量，促使薯皮老化，以利于及早进入休眠状态和减少病害。采收后要在较高的温湿度条件下（温度 20℃，相对湿度 95%)进行愈伤处理,以便愈合机械损伤,使其表皮木栓化,减弱块茎的呼吸和蒸发强度,尽快转入休眠期。马铃薯在贮藏前还要经过严格的挑选,去除病、烂、受伤及有麻斑和受潮的不良薯块。

入库后,一定要迅速通过通风将呼吸作用产生的热量散失掉。最关键的是需要防止出现结露现象,以防止表皮病害的侵染。有些病害,如银腐病,不需要通过伤口侵染马铃薯,只需要表皮有足够的水分,就可以通过表皮侵染马铃薯块茎。

贮藏待包装鲜薯的温度范围一般为 3～5℃,以减少病害的发生和防止发芽。当温度稍高(如接近 5℃),或贮藏期较长(如超过 6 个月),就需要使用化学抑芽剂。如果不使用抑芽剂,一般要求贮藏温度在 3℃以下,这会增加制冷设备运行的时间,增加成本。

冬季,不少农户有把甘薯与马铃薯放在一起混藏的习惯,其实这种做法是不科学的。甘薯喜温怕寒,在 12～15℃范围内可贮藏较久;低于 9℃就会发生冻害,造成腐烂或硬化变质。而马铃薯的贮藏温度比甘薯的低,温度高了易腐烂。食用马铃薯贮藏在 10～15℃范围内,淀粉含量保持稳定,贮藏时间不宜太长,最多不超过两个月。因此甘薯与马铃薯应单独贮藏。

任务五　淀粉加工用商品薯的贮藏

虽然马铃薯淀粉加工对原料的要求并不严格,一般马铃薯均可以用于淀粉加工,但为了提高淀粉加工效益、降低生产成本、减少废弃物产生量,必须提高淀粉加工用原料薯的品质,尽可能用淀粉含量高的品种和贮藏较好的原料薯。一般淀粉加工用原料要求块茎完整、表面干燥、不发芽、无腐烂即可。

要达到以上要求,除了满足基本的贮藏条件外(不受冻害),还需要在入库(窖)前对薯块进行挑选,剔除病、烂薯。对于伤、残薯,只要愈伤充分,也可以当作淀粉加工用原料。

任务六　北方高寒区马铃薯种薯的贮藏

马铃薯是目前世界上的主要粮食作物之一,具有生育期短、产量高、适宜性强和营养丰富的特点。在北方地区,如何有效地贮藏好马铃薯种薯,使种薯保持优良、健康的种用品质,是马铃薯生产中的重要环节。

马铃薯的贮藏与禾谷类作物的贮藏相比,具有较大的不同和特殊性。由于收获的块茎一般含有 75%左右的水分,在贮藏过程中极易遭受伤热发芽,温度低了容易冻窖,因此,马铃薯的安全贮藏环节比较复杂和困难。马铃薯块茎是活体多汁器官,在贮藏期间要求有一定的温度、湿度和空气条件,如果这些条件不能满足,不仅会造成腐烂与损耗率的增加,还会引起马铃薯的生理状态与化学成分的不良变化。所以必须掌握马铃薯块茎在贮藏过程中与环境条件的关系和要求,并在贮藏期间采取科学的管理方法,以减少贮藏期间的损耗和实现安全贮藏。

一、温度

马铃薯在贮藏期间与温度的关系最为密切。作为种薯的贮藏,一般要求在较低的温度条件下，可以保证种用品质。对于高寒区永久砖窖，贮藏初期的10—11月份，马铃薯正处在后熟期，呼吸旺盛，分解出较多的二氧化碳、水分和热量，容易出现高温高湿，这时应以降温散热、通风换气为主，最适温度为4℃；贮藏中期的12月至第二年2月份，处于严寒低温季节，薯块已进入完全休眠状态，易受冻害，应防冻保暖，温度控制在1～3℃；贮藏末期3—4月份，气温转暖，窖温升高，种薯开始萌芽，这时要注意通风，温度应控制在4℃左右。

二、湿度

在马铃薯块茎的贮藏期间，保持窖内有适宜的湿度，可以减少自然损耗和有利于块茎保持新鲜度。过于潮湿，便会使窖内顶棚上形成水滴并引起薯堆上层的马铃薯块茎“发汗”，促使马铃薯块茎过早发芽和形成须根，使种薯降低种用品质。如果窖里湿度小，过于干燥，马铃薯重量就会损耗很多，并容易使马铃薯块茎变软和皱缩。因此，当贮藏温度在1～3℃时，湿度最好控制在85%～93%，在这样的湿度范围内，块茎失水不多，不会造成萎蔫，同时，也不会因湿度过大而造成块茎的腐烂。

三、空气

马铃薯块茎的贮藏窖内，必须保证有流通的清洁空气，以减少窖内二氧化碳的浓度。如果通风不良，窖内积聚太多的二氧化碳，会妨碍块茎的正常呼吸。种薯长期贮藏在二氧化碳较多的窖内，就会增加窖内的温度和湿度，应把外面清洁而新鲜的空气通入窖内，而把同体积的二氧化碳等废气从贮藏窖内排除出去，以保证窖内进入足够的氧气，使马铃薯正常地进行呼吸。

四、堆放方法

马铃薯种薯在窖内的堆放方法有堆积黑暗贮藏、薄滩散光贮藏、筐内贮藏、架藏、箱藏等。通常人们主要采用堆放和筐内贮藏，这些方法容易使马铃薯伤热发芽，损失率高达20%。近年来，改用尼龙丝网袋装马铃薯种薯，堆放在窖内，50kg/袋，6袋/垛，3排/堆，为便于通风，每10排空1排。在贮藏期间不用倒窖，块茎损失率仅为5%。按过去的堆贮方法，至少要倒两次窖。

五、管理方法

(1)马铃薯种薯在入窖前，要将窖内清理干净，用石灰水消毒地面和墙壁。对于种薯，要严格剔除烂薯、病薯和伤薯，将种薯表面的泥土清理干净，堆放于避光通风处，上冻前装袋入窖。

(2)入窖后用高锰酸钾和甲醛溶液熏蒸，消毒杀菌(每120m^{2}用500g高锰酸钾兑700g甲醛溶液)，每月熏蒸一次，防止块茎腐烂和病害的蔓延。另外，每周用甲酚皂溶液将过道消毒一次，可防止交叉感染。

(3)种薯贮藏期间，老鼠的危害也不容忽视，被老鼠咬伤的种薯易腐烂而且影响出苗，所以窖内应加强灭鼠措施。

总之，马铃薯种薯贮藏期间，实行科学的管理方法，严格控制窖内的温度、湿度和通风条件，确保马铃薯的种用品质，降低贮藏期间的自然损耗，为马铃薯生产提供合格的种薯。

思考与练习

1. 马铃薯块茎在贮藏窖中的热量是如何产生的？
2. 马铃薯种薯、鲜食薯、油炸原料薯应在什么样的温度下贮藏？为什么？
3. 请简述马铃薯油炸原料薯的贮藏管理技术。
4. 马铃薯贮藏中为什么要控制“出汗”？
5. 马铃薯种薯、鲜食薯、油炸原料薯在贮藏中如何调节湿度、光照、二氧化碳气体？

项目九 马铃薯贮藏保鲜技术实习实训

实训一 呼吸强度测定

目标原理

呼吸作用是马铃薯块茎采收后进行的重要生理活动，是影响贮运效果的重要因素。测定呼吸强度可衡量马铃薯呼吸作用的强弱，了解马铃薯块茎采收后的生理状态，为马铃薯块茎贮运以及呼吸热计算提供必要数据。通过实习，使学生掌握马铃薯块茎呼吸强度的测定方法。通常是采用定量碱液吸收果实在一定时间内呼吸所释放出来的二氧化碳，再用酸滴定剩余的碱，即可计算出呼吸所释放出的二氧化碳量，求出其呼吸强度。呼吸强度单位为(CO_2)mg/(kg·h)。本实训的反应式如下：

$$2NaOH+CO_2 = Na_2CO_3+H_2O$$

$$Na_2CO_3+BaCl_2 = BaCO_3\downarrow+2NaCl$$

$$2NaOH+H_2C_2O_2 = Na_2C_2O_4+2H_2O$$

材料用具

马铃薯商品薯块茎、马铃薯微型薯；真空干燥器、大气采样器、吸收管、滴定管架、铁夹、25mL 滴定管、150mL 三角瓶、500mL 烧杯、直径 8cm 培养皿、小漏斗、10mL 移液管、洗耳球、100mL 容量瓶等仪器；钠石灰、20% NaOH、0.4mol/LNaOH、0.1mol/L 草酸、饱和$BaCl_2$溶液、酚酞指示剂、正丁醇、凡士林等试剂。

操作要点

1. 静置法

(1)放入定量碱液：用移液管吸取 0.4mol/L NaOH 20mL 放入培养皿中，将培养皿放入呼吸室(干燥器)底部。

(2)放入定量样品：放置隔板，装入 1kg 马铃薯块茎，封盖。样品置于干燥器中，马铃薯块茎呼吸释放出的CO_2自然下沉而被碱液吸收。

(3)取出碱液：放置 1h 后取培养皿，把碱液移入烧杯中(冲洗 4～5 次)，加饱和 $BaCl_2$ 5mL、酚酞 2 滴。

(4)滴定：用 0.1mol/L 草酸滴定至红色完全消失，记录 0.1mol/L 草酸用量。用同样的方法做空白滴定(干燥器中不放马铃薯样品)。

2. 气流法

气流法的特点是马铃薯处在气流畅通的环境中进行呼吸，比较接近自然状态，因此，可以在恒定的条件下进行较长时间的多次连续测定。测定时使不含CO_2的气流通过马铃薯块

茎呼吸室，将马铃薯呼吸释放出的CO_2带入吸收管，被管中定量的碱液所吸收，经一定时间的吸收后，取出碱液，用酸滴定，由碱量差值计算出CO_2的量。

(1)安装：按图9-1所示(暂不串接吸收管)连接好大气采样器，同时检查是否漏气。开启大气及样品中的空气泵，如果净化瓶中有气泡连续不断地产生，说明整个系统气密性良好，否则应检查是哪个接口漏气。

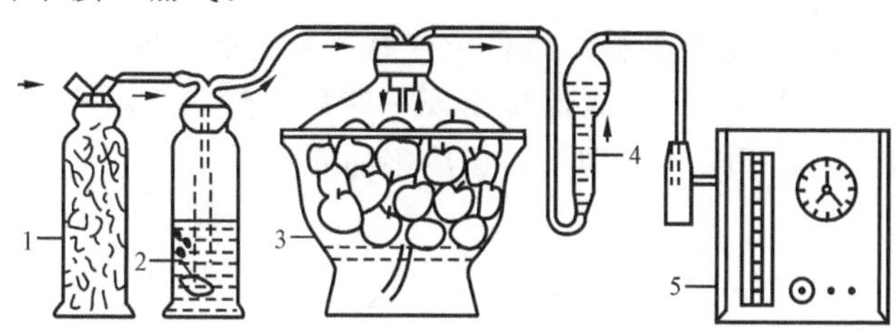

图9-1　气流法装置图

1—钠石灰；2—20%NaOH；3—呼吸室；4—吸收管；5—大气采样器

(2)抽空：称取马铃薯1kg，放入呼吸室，先将呼吸室与大气采样器的安全瓶连接，拨动开关，将空气流量调至0.4L/min；将定时钟旋钮按反时针方向转到30min处，使呼吸室先抽空平衡30min。

(3)测定：取一支吸收管装入0.4mol/L NaOH溶液10mL和1滴正丁醇，当呼吸室抽空30min后，立即安上吸收管，把定时针重新转到30min处，调整流量保持0.4L/min。待样品测定30min后，取下吸收管，将碱液移入三角瓶中，加饱和$BaCl_2$ 5mL和酚酞指示剂2滴，然后用0.1mol/L草酸滴定至粉红色消失即为终点。记下滴定量(V_2)。

(4)空白液滴定：用移液管吸取0.4mol/L NaOH溶液10mL，放入一支吸收管中，加1滴正丁醇，稍加摇动后再将其中的碱液毫无损失地移到三角瓶中，用煮沸过的蒸馏水冲洗5次，直至显中性为止。加少量饱和$BaCl_2$溶液和酚酞指示剂2滴，然后用0.1mol/L草酸滴定至粉红色消失即为终点。记下滴定量，重复1次，取平均值，即为空白滴定量(V_1)。如果两次滴定量相差超过0.1mL，必须重滴一次。

(5)计算：

$$呼吸强度[CO_2,mg/(kg\cdot h)]=(V_1-V_2)\cdot c\cdot 44/(W\cdot H)$$

式中　c——草酸浓度，mol/L；

W——样品重量，kg；

H——测定时间，h；

44——CO_2的相对分子质量。

实训作业

将测定数据填入表9-1，列出计算式并计算结果。

表9-1　马铃薯呼吸强度测定记录表

样品重(kg)	测定时间(h)	气流量(L/min)	0.4mol/L NaOH	0.1mol/L草酸用量(mL)		滴定差(mL)(V_1-V_2)	CO_2[mg/(kg·h)]	测定温度(℃)
				空白(V_1)	测定(V_2)			

实训二　马铃薯块茎低温伤害观察

目标原理

冷害是马铃薯块茎在不适宜的低温条件下贮藏所发生的生理性病害。马铃薯遭受冷害后，乙烯释放量增多，出现反常呼吸，表面也出现一些病害症状。本实训着重于表面病害症状和风味变化的观察，并通过观察识别马铃薯冷害的症状。

材料用具

冰箱、温度计。

操作要点

将马铃薯老熟商品薯块茎、马铃薯嫩熟商品薯块茎、马铃薯微型薯分成两组，一组贮藏于冰箱内，将温度调至2℃以下，贮藏10～15d；另一组贮藏于5℃条件下，比较不同温度下贮藏效果及冷害发生情况。

实训作业

将观察结果填入表9-2，并比较不同温度条件下的贮藏效果。

表9-2　马铃薯块茎冷害观察记录表

马铃薯名称	块茎个数	贮藏温度（℃）	贮藏天数（d）	好块茎		病块茎		症状描述	风味
				个	%	个	%		

实训三　乙烯吸收剂的制作及效果观察

目标原理

乙烯是导致马铃薯块茎成熟、衰老的主要激素物质。马铃薯在贮藏中自身会缓慢释放出乙烯，使贮藏环境的乙烯浓度升高。利用乙烯易被氧化的特性，以强氧化剂与乙烯发生化学反应，除去贮藏环境的乙烯气体。为了增加反应面积，常将氧化剂覆于表面积大的多孔质载体的表面。通过实训，使学生掌握乙烯吸收剂的制作方法，并对乙烯吸收剂的使用效果进行观察。

材料用具

高锰酸钾、沸石、氧化钙、蛭石、珍珠岩、硅藻土、透气纸袋、马铃薯商品薯块茎、马铃薯微型薯。

操作要点

1. 乙烯吸收剂的制作

(1)方法一:配制高锰酸钾饱和溶液。称取高锰酸钾 63.3g,溶解于 1 000mL 水中,配制成饱和溶液。

浸泡:将硅藻土或珍珠岩或蛭石等多孔性材料浸泡于高锰酸钾饱和溶液里,饱吸高锰酸钾。

晾干、装袋:将饱吸高锰酸钾的材料捞出,并晾干。将乙烯吸收剂装入透气纸袋,每袋装 150g(可用于吸收 15kg 产品释放的乙烯),密封袋口。

(2)方法二:配制高锰酸钾饱和溶液。称取高锰酸钾 63.3g,溶解于 1 000mL 水中,配制成饱和溶液。

浸泡:称取蛭石 1kg 投入到溶液中浸泡 30～60min,沥出后阴干。

混合:称取 0.8kg 氧化钙,粉碎,与阴干的蛭石放在一起混匀,装入透气纸袋,每袋装乙烯吸收剂 150g(可用于吸收 15kg 产品释放的乙烯),密封袋口。

此法制成的乙烯吸收剂具有润湿后不会降低吸收效果的优点。乙烯吸收剂的用量,一般为 0.5%～2%。

2. 乙烯吸收剂使用效果观察

称取马铃薯商品薯块茎 5kg、马铃薯微型薯 1kg,装入保鲜塑料袋,同时放入制作的乙烯吸收剂 1 袋,密封,常温条件下放置 10～15d,同时做对照组,观察马铃薯商品薯块茎、马铃薯微型薯的变化(可测定硬度、可溶性固形物含量进行比较)。

实训四　马铃薯的商品化处理

目标原理

马铃薯采后进行商品化处理,是改善马铃薯的感官品质、提高其耐藏性和商品价值的重要途径。通过实训,使学生学会马铃薯采收后商品化处理的主要方法。

材料用具

马铃薯商品薯块茎、马铃薯微型薯;分级板、天平、包装纸、包装盒、包装箱、恒温干燥箱、清洗盆、小型喷雾器、刷子、1%稀盐酸、洗洁精、吗啉脂肪酸、亚硫酸钠、硅胶粉刺。

操作要点

分级:将马铃薯商品薯块茎、马铃薯微型薯进行严格挑选,将病虫害薯、腐烂薯、畸形薯、冻伤薯、发芽薯、绿薯、黑心薯等剔除,然后根据等级、规格进行分级,见表 9-3、表 9-4。

表 9-3　马铃薯商品薯块茎等级

等级	要　　求
特级	大小均匀;外观新鲜;硬实;清洁、无泥土、无杂物;成熟度好;薯形好;基本无表皮破损、无机械损伤;无内部缺陷及外部缺陷造成的损伤。单薯质量不低于 150g
一级	大小较均匀;外观新鲜;硬实;清洁、无泥土、无杂物;成熟度较好;薯形较好;轻度表皮破损及机械损伤;内部缺陷及外部缺陷造成的轻度损伤。单薯质量不低于 100g
二级	大小较均匀;外部较新鲜;较清洁,允许有少量泥土和杂物;中度表皮破损;无严重畸形;无内部缺陷及外部缺陷造成的严重损伤。单薯质量不低于 50g

表 9-4　马铃薯规格

规格	小(S)	中(M)	大(L)
单薯质量(g)	<100	100～300	>300

等级的允许误差范围按其质量计:

(1)特级允许有 5%的产品不符合该等级的要求,但应符合一级的要求;

(2)一级允许有 8%的产品不符合该等级的要求,但应符合二级的要求;

(3)二级允许有 10%的产品不符合该等级的要求,但应符合基本要求。

规格的允许误差范围按其质量计:

(1)特级允许有 5%的产品不符合该规格的要求;

(2)一级和二级允许有 10%的产品不符合该规格的要求。

清洗:用 1%的稀盐酸和洗洁精分别对马铃薯进行清洗,最后用清水将其冲洗干净,放入恒温干燥箱烘干(40～50℃)。

涂膜上蜡:采用 0.5%～1.0%的高碳脂肪酸蔗糖酯或吗啉脂肪酸盐果蜡进行涂膜处理,可将涂膜剂装入喷雾器喷涂果面,或用刷子刷涂果面,也可直接将果实浸入涂膜剂液中浸染 30s,然后晾干。

包装:涂膜处理后的马铃薯分别进行单薯包纸装箱或直接装箱;同一包装内,应将同一等级和同一规格的产品装入有垫物的纸箱中,放入冷库贮藏或通风贮藏库贮藏。

实训思考

马铃薯采收后的商品化处理有哪些重要作用?

实训五　贮藏环境中氧气和二氧化碳含量的测定

目标原理

在调节气体成分贮藏时,O_2和 CO_2的含量直接影响到马铃薯的呼吸作用。二者比例不适宜时,就会破坏马铃薯的正常生理代谢,产生生理病害,缩短贮藏寿命。所以要随时掌握贮藏环境条件中 O_2和 CO_2的含量变化,使二者比例适宜,延长贮藏寿命。

通过实验实训,使学生掌握手提式气体分析仪对贮藏环境中的 O_2和 CO_2含量的测定方法。

测定马铃薯贮藏环境中O_2和CO_2含量的方法有化学吸收法和物理化学测定法。前者是应用手提式气体分析仪，用KOH溶液吸收CO_2，以焦性没食子酸碱性溶液吸收O_2，从而测出O_2和CO_2含量。后者是应用O_2和CO_2测试仪表进行测定。下面以化学吸收法为例进行说明。

实验材料

完熟马铃薯，幼嫩马铃薯，马铃薯微型薯，手提式气体分析仪，2kg塑料薄膜袋，胶管铁夹，KOH焦性没食子酸碱性溶液，甲基红，甲基橙，氯化钠，盐酸等。

试剂的配制：

(1)氧吸收剂的配制：通常使用的氧吸收剂主要是焦性没食子酸碱性溶液。配制时，可称取33g焦性没食子酸和117g氢氧化钾，分别溶解于一定量的蒸馏水中，冷却后将焦性没食子酸溶液倒入氢氧化钾溶液中，再加蒸馏水至150mL。也可将33g焦性没食子酸溶于少量水中，再将117g氢氧化钾溶解在140mL蒸馏水中，冷却后，将焦性没食子酸溶液倒入氢氧化钾溶液中，即配成焦性没食子酸碱性溶液。

(2)二氧化碳吸收剂的配制：称取氢氧化钾20～30g，放在容器内，加70～80mL蒸馏水，不断搅拌。配成的溶液浓度为20%～30%。

(3)指示液配制：在调节液瓶(压力瓶)中(图9-2)装入200mL 80%的氯化钠溶液，再滴入两三滴0.1～1.0mol/L的盐酸和三四滴1%的甲基橙，此时瓶中即为玫瑰红色的指示液，以便于进行测量。操作时，吸气球管中碱液不慎进入量气管内，即可使指示液呈碱性反应，由红色变为黄色，可很快觉察出来。

材料用具

手提式气体分析仪的结构如图9-2所示。

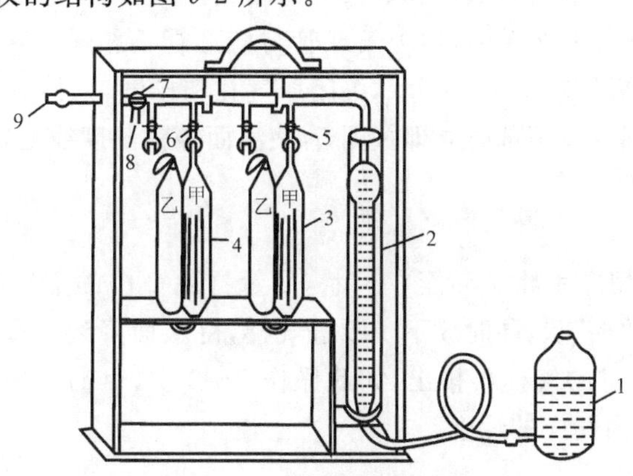

图9-2 手提式气体分析仪

1—调节液瓶；2—量气筒；3、4—吸气球管；5、6—二通磨口活塞；7—三通磨口活塞；8—排气口；9—取样孔

手提式气体分析仪由一个带有多个磨口活塞的梳形管，与一个有刻度的量气筒和几个吸气球管相连接而成，并固定在木架上。

(1)梳形管：在仪器中起着连接枢纽的作用，带有几个磨口活塞口连通管。其右端与量气筒2连接，左端为取样孔9，套上胶管即与预测器样相连。磨口活塞5、6各连接一个吸气球管，控制着气样进出吸气球管。活塞7起调节进气、排气或关闭的作用。

（2）吸气球管：如图中3、4所示，分甲、乙两部分，两者底部由一个小的U形玻璃连通。3、4甲、乙管内装有许多小玻璃管，以增大吸收剂与气样的接触面。吸气球管甲、乙管管顶端与梳形管上的磨口活塞相连。吸气球管内装有吸收剂，为吸收测定气样用。

（3）量气筒：图中2为一个有刻度的圆管（一般为100mL），底口通过胶管与调节液瓶1相连，用来测量气样体积。刻度管固定在一圆形套筒内，套筒上下应密封并装满水，以保证量气筒的温度稳定。

（4）调节液瓶：图中1是一个有下口的玻璃瓶，开口处用胶管与量气筒底部相连，瓶内装有蒸馏水，由于它的升降，造成瓶内水位的变动而形成不同的水压，使气样被吸入或排出或被压进吸气球管，使气样与吸收剂反应。

（5）三通磨口活塞：是一个带有“╤”形通孔的磨口活塞，转动活塞7改变“╤”形通孔的位置呈“╧”状、“╟”状、“╢”状，起着取气、排气和关闭的作用。

（6）二通磨口活塞：活塞5、6的通气孔呈“＝”状，则切断气体与吸收瓶的接触；呈“‖”状，使气体先后进出吸收瓶，洗涤CO_2或O_2。

操作要点

1.清洗与调整

将仪器的所有玻璃部分洗净，磨口活塞涂凡士林，并按图9-2装配好。

2.在各吸气球管中注入吸收液

管3注入浓度为30%的KOH溶液，作吸收CO_2用；管4装入浓度为30%的焦性没食子酸和等量的30% KOH混合液，作吸收O_2用，吸收剂要达到球管口。在调节液瓶1中和保温套筒中装入蒸馏水。最后将取样孔9接上待测气样。

将所有的磨口活塞5、6、7关闭，使吸气球管与梳形管不相通。转动7呈“╟”状并高举1，排出2中的空气，以后转动7呈“╢”状，关闭取气孔和排气口，然后打开活塞5并下降1，当3中的吸收剂上升到管口顶部时立即关闭5，使液面停在刻度线上，然后打开活塞6，同样使吸收液面到达刻度线上。

3.洗气

右手举起1，同时用左手将7转至“╟”状，尽量排除2内的空气，使水面到达刻度100时为止，迅速转动7呈“╧”状，同时放下1吸进气样，待水面降到2底部时立刻转动7回到“╟”状，再举起1，将吸进的气样再排出，如此操作2～3次，目的是用气样冲洗仪器内原有的空气，以保证进入2内气样的纯度。

4.取样

洗气后转7呈“╧”状并降低1，使液面准确度达到零位，并将1移近2，要求1与2两液面同在一水平线上并在刻度零处。然后将7转至“╢”状，封闭所有通道，再举起1观察2的液面。如果液面不上升，说明有漏气，要检查每个连接处及磨口活塞，堵塞后重新取样。若液面在稍有上升后停止在一定位置上不再上升，说明不漏气，可以开始测定。

5.测定

测定CO_2含量，转动5接通3管，举起1把气样尽量压入3中，再降下1，重新将气样抽回到2，这样上下举动1使气样与吸收剂充分接触，4～5次以后下降1，待吸收剂上升到3

的原来刻度线位置时，立即关闭5，把1移近2，在两液面平衡时读数，记录后，重新打开5，上下举动1，如上操作，再进行第二次读数。若两次读数相同，即表明吸收完全；否则，重新打开5再举动1，直至读数相同为止。以上测定结果为CO_2含量。测定O_2含量，转动6接通4管，用上述方法测出O_2的含量。

6. 计算公式

$$CO_2含量=\frac{V_1-V_2}{V_1}\times100\%$$

$$O_2含量=\frac{V_2-V_3}{V_1}\times100\%$$

式中 V_1——量气筒初始体积，mL；

V_2——测定CO_2残留气体体积，mL；

V_3——测定O_2残留气体体积，mL。

注意事项

1. 右手举起1时2内液面不得超过刻度100，否则蒸馏水会流入梳形管，甚至到吸气球管内，不但影响测定的准确性，还会冲淡吸收剂而造成误差。液面也不能过低，应以3中吸收剂不超过5为准，否则，吸收剂流入梳形管时，要重新洗涤仪器才能使用。

2. 举起1时动作不宜太快，以免气样因受压过大而冲过吸收剂从U形管逸出。一旦发生这种现象，要重新测定。

3. 先测CO_2，后测O_2。

4. 焦性没食子酸的碱性液在15～20℃时吸收O_2的效能最大，吸收效果随温度的下降而减弱，0℃时几乎完全丧失吸收能力。因此，测定时温度一定要在15℃以上。

5. 吸收剂的浓度按百分比配制，多次举1读数不相等时，说明吸收剂的吸收能力减弱，需要重新配制吸收剂。

6. 吸收剂为强碱溶液，使用时须注意安全。

实训思考

1. 贮藏环境气体成分测定的原理是什么？如何测定？

2. 贮藏环境气体成分测定应注意哪几个问题？

实训六 马铃薯的贮藏保鲜试验及品质鉴定

目标原理

通过实训，使学生掌握当地马铃薯的适宜贮藏条件，如温度、湿度、气体条件等，并通过实验得出比较理想的贮藏条件，从而为进一步指导生产打下基础；掌握马铃薯贮藏品质鉴定的内容和方法，借助仪器和感官对其外观、质地、病害、腐烂、损耗等进行综合评定。通过评定可以了解马铃薯贮藏前后的变化，对及时采取管理措施、提高贮藏效果具有重要意义。

材料用具

完熟马铃薯、幼嫩马铃薯、马铃薯微型薯;温度计、湿度计、气体分析仪、台秤、天平、果实硬度计、折光仪等用具。

操作要点

1. 将上述原料分成几个不同的组合,在温度、湿度和气体成分上分别选择不同水平,配成各种组合。在贮藏前对产品的外观、色泽、病虫害、硬度、含糖、含酸等进行观察、测定。

2. 贮藏一定时间后,对产品的外观、色泽、病虫害、硬度、含糖、含酸等进行观察、测定,然后对贮藏前后的产品质量变化进行充分比较,得出在温度、湿度及气体上的良好组合。

3. 随机称取经过贮藏保鲜的马铃薯样品 20kg,分成 4 份,每份 5kg,每个实训小组一份,进行品质鉴定。品质鉴定主要包括皮色、肉色、硬度、可溶性固形物含量、病害、损耗等,用仪器和感官鉴定。完熟马铃薯的贮藏品质鉴定表如表 9-5 所示。

表 9-5　完熟马铃薯的贮藏品质鉴定表

品种	贮藏时间		硬度(kg/cm²)		固形物(%)		色泽		风味	好薯率			备注
	入贮期	贮藏天数	贮前	贮后	贮前	贮后	表皮	肉色		好薯数	烂薯数	好薯率(%)	

4. 制定分级标准,即将样品按食用或商品价值标准分为 3～5 级。最佳品质的级别为最高级值,损耗的极值为 0;品质居中的个体按标准分别划入中间极值。极值的大小反映出个体间的品质差异,因此,拟定分级标准时,要求级间差距应当相等并指标明确,然后进行鉴定分级,并按下列公式计算保鲜指数。保鲜指数越高,说明保鲜效果越好。

$$\text{指数}=[\sum(\text{各级极值}\times\text{数量})/\text{最大级数}\times\text{总数}]\times 100\%$$

实训作业

1. 对贮藏结果进行精心描述,综合评价,总结出比较理想的贮藏组合。

2. 根据品质鉴定结果进行综合分析,写出贮藏分析报告,并提出贮藏改进措施。

实训七　常见马铃薯贮藏病害的识别

目标原理

通过实训,识别当地马铃薯贮运中常见生理病害的典型症状和致病原因、主要侵染性病害症状及病原,为加强在贮运中的防治和管理奠定基础。

材料用具

1. 生理性病害材料：马铃薯 CO_2 中毒、马铃薯黑心病等病状标本和挂图。

2. 侵染性病害材料：马铃薯疮痂病、干腐病、软腐病等细菌性病害，黑点病、晚疫病、黑痣病等真菌性病害挂图及病原菌玻片标本。

3. 用具：放大镜、挑针、刀片、滴瓶、载玻片、盖玻片、培养皿、显微镜等。

操作要点

1. 观察马铃薯贮运中主要生理性病害的症状及特点，了解其致病原因。

2. 观察马铃薯疮痂病的症状及特点，镜下观察病原菌形态特征。

3. 观察马铃薯采后晚疫病、疮痂病、黑点病、黑痣病、条斑病的症状及特点，镜下观察病原菌形态特征。

4. 观察马铃薯细菌性软腐病、环腐病、疮痂病的症状及特点和病原菌的形态特征。

实训作业

1. 总结主要生理性病害和侵染性病害的病症。

2. 根据上述当地马铃薯的主要贮运病害，提出具体防治措施(表 9-6)。

表 9-6　常见马铃薯贮藏病害及防治措施

品种	病症	防治措施

实训八　参观马铃薯贮藏保鲜库

目标原理

了解当地主要马铃薯贮藏库的种类、贮藏方法、贮藏量、管理技术和贮藏效益。

材料用具

笔记本、笔、尺子、温度计等。

操作要点

1. 调查提纲的拟订

(1)贮藏库的布局与结构

库的排列与库间距离，工作间与走廊的布置及其面积，库房的容积。

(2)建筑材料

隔热材料(库顶、地面、四周墙)的厚度，防潮隔热层的处理(材料、处理方法和部位)。

(3)主要设备

制冷系统:冷冻机的型号规格、制冷剂、制冷量、制冷方式(风机和排管)。制冷次数和每次时间:冲霜方法、次数。气调系统:库房气密材料、方式。密封门的处理:降氧机型号、性能、工作原理;氧气、二氧化碳和乙烯气体的调整和处理。温湿度控制系统:仪表的型号和性能及其自动化程度。其他设备:照明、加湿及其覆盖、防火用具等。

(4)贮藏管理经验

①对原材料的要求。品种、产地:质量要求(收获时期、成熟度、等级);产品的包装用具和包装方法。

②管理措施。库房的清洁与消毒:入库前的处理(预冷、挑选、分级);入库后的堆码方式(方向、高度、距离、形式、堆的大小、衬垫物等);贮藏数量占库容积的百分数;如何控制温度、湿度、气体成分,检查制度,管理制度以及特殊的经验;出库的时间和方法。

(5)经济效益分析

贮藏量、进价、贮藏时间、销售价、毛利、纯利。

(6)存在的问题及解决方法。

2. 实训要求

(1)遵守参观单位的规章制度和参观要求,按照调查提纲完成调查任务;

(2)注意交通安全和生产安全;

(3)做好笔记,积极询问,认真思考,补充资料,完善报告;

(4)对调查报告的内容、格式、数字、交报告的时间明确要求。

实训作业

1. 按照老师的指导编写一个调查提纲。

2. 调查提纲的形式可以采取问题式提纲或表格式提纲(表 9-7)。

例如:

(1)贮藏的品种有哪些?

(2)贮藏库的容量有多大?

(3)贮藏的时期有多长?

(4)如何控制贮藏的环境条件?

(5)贮藏中存在哪些问题?

(6)已经解决的问题有哪些?

(7)没有解决的问题有哪些?

表 9-7　当地主要贮藏设施性能指标调查

贮藏方式	库址选择	建筑材料	通风系统	贮藏容量	贮藏品种	贮藏效果

3. 将调查内容整理成调查报告。
4. 分析该贮藏库存在的问题，提出改进建议。

师生互动

1. 学生请老师修改马铃薯贮藏库的调查提纲。
2. 老师认真阅读每个学生的调查提纲，并提出修改建议。
3. 根据学生在参观过程中的表现，提示学生抓住重点问题进行询问。
4. 老师对学生在实训过程中的表现和调查报告质量进行小结，鼓励表现好的同学。
5. 安排1～2h的参观交流活动，师生共同总结实训的收获体会。

实训作业

1. 本次实训的最大收获是什么？
2. 本次实训有哪些成功和不足？如何改进？

考核标准

考核标准见表9-8。

表9-8　调查马铃薯贮藏库考核标准

班级			小组		姓名			日期			
序号	考核项目	考核标准				等级分值					
		A	B	C	D	A	B	C	D		
1	实训态度	实训认真，积极主动，操作仔细，认真记录	较好	一般	较差	10	8	6	4		
2	提纲设计	提纲设计科学合理，创新性强	较好	一般	较差	20	16	12	8		
3	操作能力	熟练操作调查要点，提问有深度	较好	一般	较差	30	24	18	12		
4	调查报告	格式规范，内容完整、真实，结果分析到位，独立按时完成	较好	一般	较差	20	16	12	8		
5	能力创新	表现突出，报告完整，立意创新，学生认可	较好	一般	较差	20	16	12	8		
本实训考核成绩（合计分）											

实训九　马铃薯贮藏质量检查

目标原理

了解马铃薯产品贮藏的种类，明确贮藏的关键技术，学会马铃薯贮藏过程中的检查时期、方法和技术要点。

材料用具

台秤，硬度计，折光仪，滴定用具；笔记本，笔，温湿度计等。

操作要点

1. 实训地点

冷库操作间、实验室等。

2. 贮藏种类

完熟马铃薯、幼嫩马铃薯、马铃薯微型薯、加工用马铃薯。

3. 检查项目

(1)自然损耗：入库时每件重量、检查时重量，计算百分比。

(2)腐烂率：调查好薯数、烂薯数，计算烂薯率。

(3)生理病害：观察、分析病害的种类，并作记录，调查发病率。

(4)果实硬度：用硬度计测定马铃薯块茎的硬度。取 5～10 个薯，在薯胴部对应四个洞测定。

(5)可溶性固形物：用折光仪测定。取 5～10 个薯，结合硬度测定，每个薯测 2～4 次，最后计算平均值。

(6)记录贮藏场所的基本情况：贮藏方式、地点、容量、温度、湿度、品种等。

(7)其他：根据产品本身的特性，确定检测项目，在教师的指导下进行。

4. 检查方法

(1)感官检查：对于贮藏库的基本情况、自然损耗、腐烂率、生理病害等进行感官检查和记录。

(2)理化检测：对于马铃薯硬度、可溶性固形物、含糖量、淀粉含量进行物理检测；对于维生素 C、有机酸以及产品特性所决定的有害金属、农药残留等指标的检测，需要使用仪器设备或化学试剂。

5. 实训要求

(1)遵守实训场所的要求，安全操作，不能大声喧哗，在不影响别人的情况下低声研讨操作方案。

(2)建议 4～6 人一组，有条件的可 2 人一组进行实训。

(3)实训过程中如有问题，及时和老师沟通。

(4)独立完成实训报告。

学生训练

1. 根据老师讲授,讨论后拟定本次实训的方案。
2. 实训流程图如图 9-3 所示。

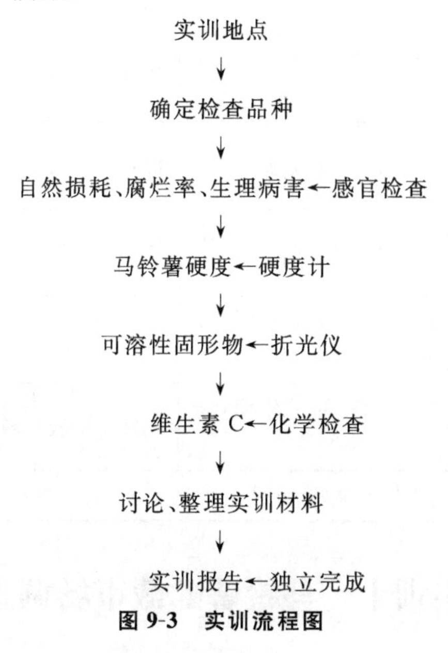

图 9-3　实训流程图

师生互动

1. 学生请老师修改马铃薯产品品质检查方案。
2. 学生在实训过程中遇到难以解决的问题请老师解答。
3. 老师根据学生在实训过程中出现的问题,提示学生抓住关键技术环节。
4. 老师对学生在实训过程中的表现和实训报告质量进行小结,鼓励表现好的同学。
5. 安排 1～2h 的马铃薯产品品质检查的实训交流活动,师生共同总结实训的收获。

实训思考

1. 本次实训的最大收获是什么?
2. 本次实训有哪些成功和不足? 如何改进?

考核标准

考核标准见表 9-9。

表 9-9　马铃薯产品贮藏质量检查考核标准

班级			小组		姓名		日期			
序号	考核项目	考核标准					等级分值			
		A	B	C	D		A	B	C	D
1	实训态度	实训认真，积极主动，操作仔细，认真记录	较好	一般	较差		10	8	6	4
2	方案设计	方案设计科学合理，创新性强	较好	一般	较差		20	16	12	8
3	操作能力	熟练操作检查技术要点，正确使用仪器	较好	一般	较差		20	16	12	8
4	实训报告	格式规范，内容完整、真实，结果分析到位，独立按时完成	较好	一般	较差		30	24	18	12
5	能力创新	表现突出，报告完整，立意创新，学生认可	较好	一般	较差		20	16	12	8
本实训考核成绩（合计分）										

实训十　马铃薯贮藏市场调查

目标原理

了解马铃薯贮藏产品的市场需求种类、价位、货源和销售渠道，学会市场调查的技巧、方法，锻炼学生社交工作的能力。

材料用具

单位证明、笔记本、笔、计算器等。

操作要点

1. 实训地点

食品超市、批发市场、生产基地、教室等。

2. 调查提纲

(1)简介调查情况。

(2)调查表(表 9-10)。

表 9-10　马铃薯产品市场调查表

商品名称	包装规格	包装类型	单价	货架期	马铃薯产地	地址	备注
鲜食马铃薯							
马铃薯种薯							
加工马铃薯							

(3)对马铃薯市场现状及问题进行分析。

①现状。

②存在问题的分析。

(4)对市场调查的收获、体会和建议。

3. 调查方法

(1)感官调查:对于货架上的商品进行归类、记录。

(2)访问调查:对于进货渠道、方式、价格等不明白的问题,询问营业员或部门经理。

(3)座谈会:对于有些产品的细节,可通过座谈会形式完成。

4. 实训要求

(1)遵守实训场所的要求,安全操作,不能大声喧哗,在不影响商家生意的前提下,进行各种形式的市场调查。

(2)建议 1～3 人一组进行调查。

(3)实训过程中如有问题,及时和老师沟通。

(4)独立完成调查报告。

师生互动

1. 学生请老师修改市场调查方案。
2. 安排 1～2h 的市场调查实训交流活动,师生共同总结实训的收获、体会。
3. 学生根据在实训过程中的调查素材,编写调查报告初稿,1 周后交作业。
4. 老师对学生在实训过程中的表现和调查报告质量进行小结,鼓励表现好的同学。

实训思考

1. 本次实训的最大收获是什么?
2. 本次实训有哪些成功和不足?如何改进?

学生自我评价

自我评价表见表 9-11。

表 9-11　××班综合实训过程中学生综合素质自我评价表　　　　年　月　日

学号	姓名	实训态度(4 分)			实训操作(3 分)		实训报告(3 分)			综合评分(10 分)
		好	一般	差	熟练	一般	好	一般	差	
1										
2										
3										
4										
5										
……										

考核标准

考核标准见表 9-12。

表 9-12　马铃薯贮藏产品市场调查考核标准

班级		小组		姓名		日期			
序号	考核项目	考核标准				等级分值			
		A	B	C	D	A	B	C	D
1	实训态度	实训认真，积极主动，操作仔细，认真记录	较好	一般	较差	10	8	6	4
2	方案设计	方案设计科学合理，创新性强	较好	一般	较差	20	16	12	8
3	操作能力	熟练操作检查技术要点，正确使用仪器	较好	一般	较差	30	24	18	12
4	调查报告	格式规范，内容完整、真实，结果分析到位，独立按时完成	较好	一般	较差	20	16	12	8
5	能力创新	表现突出，报告完整，立意创新，学生认可	较好	一般	较差	20	16	12	8
本实训考核成绩(合计分)									

参考文献

[1]黑龙江省农业科学院马铃薯研究所.中国马铃薯栽培学[M].北京:中国农业出版社,1994.
[2]门福义,刘梦芸.马铃薯栽培生理[M].北京:中国农业出版社,1995.
[3]赵丽芹.园艺产品贮藏加工学[M].北京:中国轻工业出版社,2001.
[4]赵晨霞.园艺产品贮藏与加工[M].北京:中国农业出版社,2005.
[5]罗云波,蔡同一.园艺产品贮藏加工学(贮藏篇)[M].北京:中国农业大学出版社,2001.
[6]张平真.蔬菜贮运保鲜及加工[M].北京:中国农业出版社,2004.
[7]田世平.果蔬产品产后贮藏加工与包装技术指南[M].北京:中国农业出版社,2000.
[8]江英,廖小军.豆类薯类贮藏与加工[M].北京:中国农业出版社,2004.
[9]张宝善,陈锦平.果品蔬菜贮藏加工实用技术[M].北京:中国农业出版社,1998.
[10]赵晨霞.果蔬贮藏加工技术[M].北京:科学出版社,2004.
[11]邓伯勋.园艺产品贮藏运销学[M].北京:中国农业出版社,2002.
[12]赵晨霞.果蔬贮藏与加工[M].北京:中国农业出版社,2002.
[13]吴锦铸,张昭其.果蔬保鲜与加工[M].北京:化学工业出版社,2001.
[14]北京农业大学.果品贮藏加工学[M].北京:农业出版社,1990.
[15]周山涛.果蔬贮运学[M].北京:化学工业出版社,1998.
[16]程天庆.马铃薯栽培技术[M].北京:金盾出版社,1996.
[17]郝会军.脱毒马铃薯良种繁育与丰产栽培技术[M].北京:中国农业科学技术出版社,2007.
[18]科学技术部中国农村技术开发中心.脱毒马铃薯高产新技术[M].北京:中国农业科学技术出版社,2006.
[19]连勇.马铃薯脱毒种薯生产技术[M].北京:中国农业科学技术出版社,2001.
[20]庞淑敏,蒙美莲.怎样提高马铃薯种植效益[M].北京:金盾出版社,2006.
[21]李勤志,谢从华,冯中朝.我国马铃薯比较优势和出口竞争力分析[J].中国马铃薯,2004,18(3).
[22]金黎平.马铃薯优良品种及丰产栽培技术[M].北京:中国劳动社会保障出版社,2002.
[23]孙慧生,仪美芹.马铃薯生产技术百问百答[M].2版.北京:中国农业出版社,2010.